SMART GRID

智能电网关键技术研究

KEY TECHNOLOGY RESEARCH

广东电网公司电力科学研究院 钟清 主编

中国电力出版社
CHINA ELECTRIC POWER PRESS

内 容 提 要

本书主要介绍了智能电网关键技术的研究，全书共分 11 章，分别为概述、新能源发电及储能技术、输电网状态监测技术、变电站设备在线监测技术、智能馈线自动化技术、微网的控制与保护技术、全维度智能化高级电网调度技术、电动汽车技术、互动式用电技术、配电网智能化通信组网技术和资产全寿命周期管理。

本书结构清晰、内容丰富，适合从事智能电网建设的相关专业人员阅读。

图书在版编目（CIP）数据

智能电网关键技术研究 / 钟清主编. —北京：中国电力出版社，2011.8（2025.7 重印）

ISBN 978-7-5123-1146-6

Ⅰ. ①智…　Ⅱ. ①钟…　Ⅲ. ①智能控制－电力系统－研究　Ⅳ. ①TM76

中国版本图书馆 CIP 数据核字（2011）第 098055 号

中国电力出版社出版、发行

（北京市东城区北京站西街 19 号　100005　http://www.cepp.sgcc.com.cn）

北京天泽润科贸有限公司印刷

各地新华书店经售

*

2011 年 8 月第一版　　2025 年 7 月北京第八次印刷

710 毫米×980 毫米　16 开本　11.25 印张　194 千字

印数 8501—9000 册　定价 **35.00** 元

《智能电网关键技术研究》

编 委 会

序

近年来，与我们生活息息相关的电力系统正面临着越来越多的挑战，其中包括全球气候变暖、能源压力以及数字化社会对供电可靠性和电能质量的严格要求。为解决这些问题，人们已把智能电网作为重大发展战略。

智能电网是自动的和广泛分布的能量交换网络，它具有电力和信息双向流动的特点，同时能够监测从发电厂到用户电气设备之间的所有元件。它将分布式计算和提供实时信息的通信优越性应用于电网，并使之能够维持设备层面上即时的供需平衡。

智能电网是一个更清洁、更高效、更可靠、更具恢复能力和响应更快的电气系统，它将从一个集中式的、生产者控制的网络，转变成较少集中式的和更多与消费者互动的网络。通常把实现这些特性的电网专用技术称为智能电网技术。实际上，与智能电网相关的技术非常广泛，可以分为三类，即智能电网技术、智能电网可带动的技术（如风力发电机组、插件式的电动汽车和光伏发电等技术）和为智能电网创建平台的技术（如通信技术、信息技术、传感器与量测技术和电力电子技术等）。同时人们也已经认识到，智能电网技术性的挑战是十分巨大的，为了推进智能电网，需要长期持续地研发。

目前我国智能电网的建设步伐较快。国家电网公司在智能变电站、配电自动化、用电信息采集、电动汽车充换电设施、智能电网调度技术支持系统等领域取得了重要突破。南方电网公司则从资源优化配置、实现企业绿色生产、提升绿色服务品质、携手各界共建低碳产业入手，建设高效的绿色电网。

本书是为适应目前我国智能电网建设需要而编写的，它纵观了国内外智能电网发展的最新动态，结合以往的运营经验，从新能源发电及储能技术、输电网状态监测技术、变电站设备在线监测技术、智能馈线自动化技术，微网的控制与保护技术、全维度智能化高级电网调度技术、电动汽车技术、互动式用电技术、配电网智能化通信组网技术以及资产全寿命周期管理方面，介绍和探讨了当前智能电网发展的关键技术，内容深入浅出。我相信这本及时的专著能够给电力工作者和工程师带来启发，也能为广大研究生以及电力教学工作者提供参考。

读者会发现，有些智能电网技术已在目前电网中得到应用，但是仅当把它们用于具有双向数字通信和即插即用功能的智能电网中时，这些技术才会发挥巨大的作用。

中国工程院院士 余贻鑫

2011 年 8 月 16 日

前　言

近年来，全球气候变化剧烈、自然灾害频发、环境污染严重、传统能源短缺等生态问题日益突出。同时，随着经济的发展、社会的进步，以及人类对能源安全、能源效率、能源需求的提高，给电网的发展和安全运行提出了更高的要求。依靠现代信息、通信和控制技术，积极发展智能电网，适应可持续发展的要求，已经成为电力工业积极应对未来挑战的共同选择。智能电网的建设将成为未来展示电力新技术及电力工业竞争力的一个重要舞台。

智能电网建设涵盖内容广泛，本书在借鉴国内外相关领域研究成果的基础上，结合正在开展的科研实践，对智能电网的主要关键技术进行了系统的介绍。本书共11章，分别对应发电、输电、变电、配电、用电和调度等各个环节，包括新能源发电及储能技术、在线监测技术、馈线自动化技术、微网控制及保护技术、互动式用电技术、电动汽车技术、智能调度技术、通信技术及资产全寿命周期管理技术等。本书在讨论了智能电网关键技术的同时，总结了各个部分的发展现状和存在的问题，可为智能电网建设提供技术指导和借鉴。

作者广泛收集国内外智能电网最新发展动态和应用实例，并总结了现有的研究成果，经过消化和吸收，力求做到以“全面性、新颖性、工程性”为特色。但是，智能电网技术是新技术，要全面反映涉及的所有方面确有难度，加上作者水平所限，书中的不足和不妥之处在所难免，敬请广大读者加以批评指正。

编　者

2011年5月

目　录

第1章

概　　述

1.1　智能电网的定义和主要特征

节能减排、绿色能源、可持续发展一直是世界各国关注的焦点。人类能源发展所面临的首要挑战就是以可再生能源逐步替代化石能源，建造能源使用的创新体系，以信息技术彻底改造现有能源的利用，最大限度地开发电网体系的能源效率。因此期望通过一个数字化信息网络系统将能源资源开发、输送、存储、转换（发电）、输电、配电、供电、售电、服务以及蓄能与能源终端用户的各种电气设备和其他用能设施连接在一起，通过智能化控制实现精确供能、对应供能、互助供能和互补供能，将能源利用效率和能源供应安全提高到全新的水平，将污染与温室气体排放降低到环境可以接受的程度，使用户成本和投资效益达到一种合理的状态。这就是智能电网的思想。

智能电网的基础是分布式数据传输、计算和控制技术，以及多个供电单元之间数据和控制命令的有效传输技术。针对智能电网技术，美国和欧洲已经形成强大的研究群体，研究内容覆盖发电、输电、配电和售电等环节，许多电力企业也在如火如荼地开展智能电网建设实践，通过技术与具体业务的有效结合，使智能电网建设在企业生产经营过程中切实发挥作用，最终达到提高运营绩效的目的。随着我国特高压电网的建设和电力体制改革的不断深化，智能电网也将成为我国电网发展的一个新方向。在宏观政策层面，电力行业需要满足建设资源节约型和环境友好型社会的要求；在市场化改革层面，电能交易手段与定价方式正在改变，市场供需双方的互动将越来越频繁，电网必须能够灵活地支持各种电能交易。

目前就全世界来说，由于经济发展状况、电网建设水平、内外部发展环境不同，各国对于智能电网建设的愿景和侧重点有所差异，对智能电网概念的描述也不尽相同，直到现在，世界范围内尚没有一个统一的理解，智能电网的概念仍处在不断丰富和清晰中。

美国电力化建设开展较早，且技术已经成熟。因此，近年来美国对电网建设投入不足，电力系统从业人员年龄结构逐渐老化，电网设备陈旧，存在稳定性问题，急需提高电网运营的可靠性。因此其智能电网建设关注加快电力网络基础架构的升级更新，最大限度地利用信息技术，提高系统自动化水平。美国将智能电网的概念描述为：智能电网是一种新的电网发展理念，通过利用数字技术提高电力系统的可靠性、安全性和效率，利用信息技术实现对电力系统运行、维护和规划方案的动态优化，对各类资源和服务进行整合重组。智能电网的范畴不仅涵盖配电和用电，还包括输电、运行、调度等方面。

欧洲经济发展水平较高，其网架架构、电源布点、电源类型臻于完善，负荷发展趋于平缓，电网新增建设规模有限，面临的主要问题在于：①各国电网运行模式不同，国家间电网互联需要解决一系列的问题；②面临大力节能减排、发展低碳经济以满足《京都议定书》环保目标的压力。因此欧洲智能电网建设更加关注可再生能源和分布式电源的接入，提高供电可靠性和电能质量、完善社会用户的增值服务。欧洲电力工业联盟在 2009 年 5 月给出了智能电网的概念：智能电网通过采用创新性的产品和服务，使用智能检测、控制、通信和自愈技术，有效整合发电方、用户或者同时具有发电和用电特性成员的行为和行动，以期保证电力供应持续、经济和安全。它能够交互运行，可容纳广大范围的小型分布式发电系统并网。

我国地域广、人口多、底子薄，区域经济发展差异大，能源资源分布很不平衡，人均资源少，产业结构、消费结构、经济增长模式及电源电网发展状况等都有着自身的阶段性特点。以南方电网为例，由于区域内东西部能源资源和经济发展的极不平衡，赋予了南方电网通过西电东送实现资源优化配置的重任。如何通过应用先进灵活的输电技术来提高西电东送主网架的安全稳定性和资源优化配置能力，成为南方电网建设智能电网的一个主要动因。其次，南方电网城市和农村配网的变电容量不足、网架薄弱、自动化水平不高，使得供电可靠性与世界先进水平相比有较大的差距。因此，坚持"以客户为中心"，努力提高供电可靠性，是建设智能电网的一个主要动因。同时，经济快速发展所面临的能源约束和环保压力越来越大，因此从建设绿色电网、满足低碳社会发展需要来看，南方电网要充分利用水能、风能、太阳能等可再生能源，大力支持新能源快速灵活地接入电网，主动引导电动汽车等新型环保产业的发展，这是南方电网建设智能电网的又一个主要动因。

针对我国各种能源分布的现状，为了便于实现能源的大范围合理配置，为电力系统更高层次的智能化提供坚实的基础，电网企业、研究机构及专家学者在对智能电网的概念和范畴进行了深入细致的探讨的基础上，提出了各具代表性的智能电网发展思路。例如，国家电网公司提出，智能电网应以特高压电网为骨干网架、各级电网协调发展的建设思路。南方电网公司则强调以“智能、高效、可靠、绿色”为关键，提出了“实事求是、积极稳妥地推进智能电网建设”的大政方针，以“提高电力系统安全稳定运行水平，提高系统和资产利用效率，提高用户侧的能效管理和优质服务水平，提高资源优化配置和高效利用能力，促进资源节约型、环境友好型社会的建设和发展”为智能电网的发展目标。

虽然各国智能电网的定义不同，但对智能电网的根本要求是一致的，即电网应该“更坚强、更智能”。坚强是智能电网的基础，智能是坚强电网充分发挥作用的关键，两者相辅相成、协调统一。根据各国对智能电网的研究与总结，智能电网应该具备以下几个方面的特性：

（1）自愈能力强。在故障发生后的短时间内能够及时发现并自动隔离故障，防止电网大规模崩溃，这是智能电网最重要的特征。自愈电网通过持续对电网设备运行状态进行监控，实时检测运行中的异常信号并进行相应的决策和控制，以减少因设备故障导致供电中断的范围和时间。

（2）可靠性高。在提高电网中各关键设备的制造水平和工艺质量的同时，充分利用通信、计算机等技术的飞速发展，对各种一次设备实施状态监测，及早发现事故隐患。

（3）资产管理优化。电力系统是技术与资产密集的复杂系统，电网运行设备种类繁多、数量巨大。智能电网利用数字化、信息化技术实现对繁杂资产设备的精细化管理，从而延长设备正常运行时间，提高设备资源利用效率。

（4）经济高效。智能电网可以提高电力设备利用效率，使电网运行更加经济和高效。

（5）与用电客户友好互动。依托通信技术的飞速发展，用电客户可以实时了解电价状况和计划停电信息，合理安排电器使用；电力企业根据客户的用电计划，合理优化配置发、输、配电资源，为客户提供更多可选的增值服务。

（6）适应不同规模的分布式电源接入。随着分布式电源渗透率的提高，风力发电、光伏发电、储能设备等各种不同规模的小型发电、储能设备将广泛分布于用户侧，智能电网必须具备与之适应的安全、控制及保护设备。同时为了便于电能计量计费，还需要拥有配套的双向测量和能量管理系统。

从世界范围来说，智能电网的研究与建设尚处于初级阶段，还需要国、内外各领域专家、学者进行广泛的交流、探讨，以进一步丰富、完善智能电网的内涵和建设模式，通过发、输、变、配、用、调度等各个环节以及信息通信等支撑技术的研究，在广泛继承现有技术的基础上，进行系统集成、科学创新，将智能电网作为一个完整的系统进行建设。

1.2 智能电网国内外发展现状

欧美各国对智能电网的研究虽然开展较早，但各国的具体情况不同，其智能电网的建设动因和关注点也存在差异。欧洲的智能电网建设主要围绕可再生能源和分布式能源的发展，旨在带动整个行业发展模式的转变。2005 年智能电网欧洲技术论坛成立。欧盟第 5 次框架计划（FP5）（1998～2002）中的"欧洲电网中的可再生能源和分布式发电整合"专题下包含了 50 多个项目，包括分布式发电、输电、储能、高温超导体和其他整合项目 5 大类，其中多数项目如 Dispower、CRISP 和 Microgrids 等于 2001 年开始实施并达到了预期目的，被认为是发展起点。而美国从自身电网建设的现状出发，重点关注电力网络基础架构的升级更新，同时充分利用信息技术，实现系统智能对人工的替代。其主要实施项目有美国能源部和电网智能化联盟所主导的 Grid Wise 项目和美国电力研究协会（EPRI）发起的 Intelligrid 项目。2008 年 3 月，美国科罗拉多州一座小城波尔得建成了美国第一座智能电网城市。与此同时，通用电气、IBM、西门子、谷歌、英特尔等信息产业龙头也瞄上了此间的商机，充分结合所擅长的领域，投入智能电网建设之中。

1.2.1 美国的研究及实践

2006 年，美国 IBM 公司与全球电力专业研究机构、电力企业合作开发了"智能电网"解决方案。电力公司可以通过使用传感器、计量表、数字控件和分析工具，自动监控电网，优化电网性能、防止断电、更快地恢复供电，同时使消费者对电力使用的管理具体细化到每个具备联网功能的用电设备。2009 年 2 月，IBM 与地中海岛国马耳他签署协议，双方将建立一个"智能公用系统"，以实现该国电网和供水系统的数字化，其中包括在电网中建立一个传感器网络。IBM 利用搜集分析数据的软件，帮助电厂降低成本及碳的排放量。谷歌已宣布了一个与太平洋煤气和电力公司（PG&E）的测试合作项目。2008 年 9 月，谷歌与通用电气对外宣布共同开发清洁能源业务，核心是为美国打造国家智能电网，同时强调，21 世纪的电力系统必须结合先进的能源和信息技术，而这正是谷歌和通用电气的优势领域。2009 年 2 月 10 日，谷歌表示已开始测试名为谷歌电表（Power Meter）的用电监测软件。该公司还向美国议会进言，要求在建设智能电网时采用非垄断性标准。2009 年 1 月

25日，美国白宫发布的经济刺激计划宣布：将铺设或更新3000mile（1mile＝1.609m）输电线路，并为4000万美国家庭安装智能电表。美国还将集中对落后的电网系统进行升级换代，建立美国横跨四个时区的统一电网，逐步实现太阳能、风能、地热能的统一入网管理。在美国能源部西北太平洋国家实验室协助建立电网智能化联盟示范项目中，通过一种被称为英维思控制器（Invensys Controls）的设备，将家庭网关设备连接到装有IBM软件的新型高级仪表和可编程恒温器上，并将112个家庭与实时电力价格信息联系起来。示范运行的结果表明，参与者节约了约10%的能源费用，并且需求响应良好。加利福尼亚州已完成的约200万户小区智能电表系统（Advanced Metering Infrastructure，AMI）的示范运行结果表明，消费者可节省约16%～30%的电能消耗。

1.2.2 欧洲的研究及实践

2006年欧盟理事会的能源绿皮书《欧洲可持续、竞争及安全的能源策略》（A European Strategy for Sustainable，Competitive and Secure Energy）明确强调，智能电网技术是保证欧盟电网电能质量的一个关键技术和发展方向。意大利的有关电网2001年已经率先实现了智能化。法国电力公司在美国诺福克试验了一种特动态能源储存系统，它有助于电网协调来自北海的间歇性风电。法国电力公司同意与瑞士ABB公司之间的交易，即使用ABB公司SVC Light的“聪明电网”技术。该系统将使用高技术的锂离子电池和超导体电力晶体管均衡连接风电场的配电网络负荷，储存风电多余电力满足用电高峰时用电负荷的需求。

1.2.3 中国研究现状

虽然我国还没有从国家层面制定智能电网的发展战略，但在很多方面的研究成果已经为发展智能电网奠定了一定的基础。南方电网公司提出建设智能、高效、可靠、绿色智能电网的目标，制定了智能电网建设的四个发展战略：

（1）提高电力系统的安全运行水平。由于新能源的接入，智能电网的安全稳定问题是很严峻的，要采取全方位、全过程、全要素的在线监测、精确预测、精当决策和精准控制，提高智能电网承载新能源的能力，实现用户与电网的全面互动。

（2）提高系统和资产的利用效率。建设智能电网是为了全面提高电力系统设备利用率，进而提高投资效益。如果说能够承载更多新能源发电是智能电网的外在效益，那么提高电力系统的投资效益则是其内在效益。随着土地资源的稀缺性和输电成本的不断增加，提高资金密集型的电力工业的投资效率已迫在眉睫。然而，传统被动满足负荷需求的发电和输电投资方式决定了电力工业的投资效益低下，智能电网的全面互动方式将彻底改变这一现状，大幅度地提高电力系统设备利用率和投资效益。

（3）提高资源优化配置和利用能力。在建设环境友好型、资源节约型社会的背景下，建设智能电网的一项重大历史使命就是切实转变电力系统的运营方式，实现多种电力资源的大范围优化配置的能力以及高效利用的能力。这是未来能源结构转型、实现可持续发展的必然要求，是能源使用方式向精益化转变的重要战略步骤。这一目标的实现，有赖于在更大的空间范围、更长的时间尺度上调动更多的要素参与电力电量平衡、实现资源的优化配置，有赖于在发、输、配、用各环节充分挖掘节能潜力，提高电能的转化、传输和使用效率。南方电网公司主要采取了加强“西电东送”通道和省间电网建设，提升南方电网资源优化配置的能力；建立新型的电网调度方式，促进发电的节能减排；采用新技术，大幅度地降低输配电网损；大规模推进节约土地资源的输变电新技术应用等措施提高资源的优化配置能力。

（4）提高用户侧的能效管理和优质服务水平。着重提高用户侧的能效管理和优质服务水平，促进电网与电力用户的充分互动，形成电能供应的多样化、互动化、高效化，充分发挥电力企业在实现低碳经济、创建两型社会中的关键作用。着重促进用户用电方式的转变，深入发展需求侧响应，开展负荷柔性控制，形成适应高效利用发电资源的用电方式，形成有利于降低负荷峰谷差的用电方式；着重促进用户用电效率的提升，依托客户资源、资金与技术的优势，深入开展合同能源管理，以客户节能投资替代一次设备投资，以节能收益替代售电收益，实现企业利润增长与节能减排的双丰收；着重提高用户侧的优质服务水平，实现电能消费选择方式的差异化、增值服务的多样化。

殊途同归，走向智能电网为大势所趋。由于全球的共同关注和参与，在跨世纪的研发和实施过程中，技术创新和最佳实践可能将时有涌现，不断推动智能电网向前发展。智能电网将带来能源观念的变革，促进电力企业管理创新和技术创新，智能电网的发展将为发电工业、电网工业、电器工业、信息技术工业、电子技术、通信技术提供新的经济增长点，并促进就业，拉动国民经济增长，改善能源结构，为保护生态环境作出贡献。

1.3 智能电网关键技术

智能电网建设涵盖了发电、输电、变电、配电、用电、调度等各个环节及信息通信技术，本书重点介绍智能电网建设中的主要关键技术，包括新能源发电及储能技术、在线监测技术、馈线自动化技术、微网控制及保护技术、互动式用电技术、电动汽车技术、智能调度技术、通信技术及资产全寿命周期管理技术等。

1.3.1 新能源发电及储能技术

能源是人类赖以生存和发展的基础，在世界经济快速发展的过程中，能源需求增长与能源紧缺之间的矛盾日益突出，能源利用与环境保护之间的矛盾日益尖锐。提高能源利用效率、开发新能源、加强可再生能源的利用日益受到世界各国的普遍关注。目前，在除水电以外的各种可再生能源开发中，风力发电最具潜力，成为电力系统中增长速度最快的发电方式。随着风力发电技术的不断进步，风机的单机容量逐步增大，经济性也逐渐提高，发电成本持续下降。另外，我国太阳能资源丰富，光伏产业近年来发展也非常迅速，应用范围已遍及民用、住宅等多领域。由于风力、光伏等可再生能源发电设备的输出功率会随环境因素变化而变化，因此相关设备控制及并网技术是提高可再生能源渗透率的核心。另一方面，随着电能存储技术的长足发展及提高可再生能源渗透率的需要，储能装置所具备的电能储存及释放能力，对于保证供电连续性和可靠性具有十分重要的作用。

1.3.2 在线监测技术

随着电网对可靠性和经济性要求的提高，电力设备检修必将从周期性检修过渡到状态检修，其中状态监测技术是实现状态检修的关键核心。所谓状态监测就是利用先进的传感、测量、计算机技术，通过对运行中高压设备的信号进行采集和传输、数据处理、逻辑判断，来实现对电力设备运行状态的带电测试或不间断的实时监测和诊断。

目前，我国电力行业中对电力设备的管理无法满足未来智能电网发展的需求，因而需要针对智能电网的发展目标，对电力设备维护的技术手段和管理方式进行多角度综合提升，使原有的粗放式管理向精益化方向转变，确立完善、合理的电力设备状态信息体系，进而构建完成电力设备状态监测系统，从而支持电力设备状态检修，提高电网资产管理水平。

1.3.3 馈线自动化技术

配电网作为电网末端直接和用户相连，广大用户感受到的供电质量、供电可靠性等均由配电网体现出来。配电自动化的实现是今后电网发展的必然方向，只有实现配电自动化才能满足用户对供电可靠性的要求。智能电网条件下的配电系统自动化，就是利用现代电子、计算机、通信及网络技术，将配电网在线数据及离线数据和用户数据、电网结构和地理图形进行信息集成，构成完整的自动化系统，实现配电网及其设备正常运行及事故状态下的监测、保护、控制、用电和配电管理的现代化。其中馈线自动化是实现配电自动化的关键之一。

馈线自动化（FA），是指变电站出口到用户用电设备之间的馈电线路自动化，主要实现正常运行情况下的状态检测、数据测量和运行优化，故障情况下的故障诊断、故障隔离、供电恢复等，主要控制对象是中压配电网。馈线自动化的核心是故障诊断、故障隔离以及非故障区域的供电恢复。

1.3.4 微网控制及保护技术

为了降低单个分布式电源接入对现有配电网带来的不利影响，同时发挥其辅助作用，美国电力可靠性技术解决方案协会（CERTS）提出了一个很好的解决办法，就是把分布式电源（DG）和负荷一起作为配电子系统，形成微网。微网相对于外部大电网表现为单一的受控单元，并可同时满足用户对电能质量和供电安全等的要求。微网从系统观点看问题，将发电机、负荷、储能装置及控制装置相结合，形成一个单一可控的单元。

未来南方电网的资源主要以煤炭、水电、核电为主，风电和太阳能发电为补充。由于南方省区天然气的稀缺，如果在微网中采用天然气为燃料，缺乏成本优势。因此，南网分布式新能源与微网的建设应定位于解决海岛电网、偏远山区等地区的供电问题，以分布式新能源发电节约昂贵、利用率低下、线损大的输电线路投资。微网可与大电网联网运行，也可在电网故障或需要时与大电网断开运行。微网并于中压或低压配电网上运行，彻底改变了传统的配电系统单向潮流的特点，需要系统使用新的保护方案及电压、频率控制等来满足双向潮流的特殊要求，并通过合理的管理，使分布式电源在智能电网内对电力系统的负面影响最小化，并能使分布式发电的控制柔性发挥至最高。

由于可再生能源自身的特点和局限性，其输出具有随机性和不确定性，采用电力电子设备并网。因此，适应微网及分布式电源接入的运行控制方法及保护原理，是保障相关电网及发电设备安全稳定运行的核心。

1.3.5 互动式用电技术

在智能电网中，用户是电力系统不可分割的一部分，鼓励和促进用户参与电力系统的运行与管理是智能电网的一个重要特征。从智能电网角度来看，用户需求完全是一种可管理的资源，它将有助于平衡供需关系、确保系统的可靠性；从用户的角度来说，电力消费是一种经济选择，通过参与电网的运行与管理，修正其使用和购买电力的方式，从而获得实实在在的好处。在智能电网中，用户将根据自身电力需求和电力系统满足其需求的能力来调节电力消费。同时需求响应计划将满足用户在能源购买中有更多的选择，减少或转移高峰电力需求，使电力公司尽量减少资本开支和营运开支，降低线损和减少效率低下的调峰电厂的运行，同时也产生了大量的环境效益。在智能电网中，和用户建立起的实时双向通信系统是实现用户参与电力系统运行和管理的基础。实时通知用户其电力消费的成本、实时电价、电网目前状况、计划停电信息及其他一些服务信息，同时用户也可根据这些信息制定自己的用电方案。

1.3.6 电动汽车技术

随着社会的进步和科技的发展，环境保护、节约资源的呼声日益高涨，新一代电动汽车作为无污染、能源可多样化配置的新型交通工具，近些年来引起了人们的普遍关注并得到了极大的发展。电动汽车以电力驱动，行驶无排放或低排放，噪声低，能量转化效率比内燃机汽车高很多，同时电动汽车还具有结构简单、运行费用低等优点，安全性也优于内燃机汽车。但电动汽车目前还存在价格较高、续驶里程较短、动力性能较差等问题，而这些问题都是和电源技术密切相关的。电动汽车实用化的难点仍然在于电源技术，特别是电池化学电源技术。目前制约电动汽车发展的关键因素是动力蓄电池不理想，同时，对电动汽车充电模式、充电柜进行合理的设计，减小电动汽车充电对电网的影响也是影响电动汽车推广普及的关键。

1.3.7 智能调度技术

智能调度是智能电网建设中的重要环节，智能电网调度技术支持系统则是智能调度研究与建设的核心，它是全面提升调度系统驾驭大电网和进行资源优化配置的能力、纵深风险防御能力、科学决策管理能力、灵活高效调控能力和公平友好市场调配能力的技术基础。现有的调度自动化系统面临着许多问题，包括非自动、信息的杂乱、控制过程不安全、集中式控制方法缺乏、事故决策困难等。智能调度技术的发展是适应大电网、特高压以及智能电网的建设运行管理要求，实现调度业务的科学决策、电网运行的高效管理、电网异常及事故的快速响应的必由之路。

1.3.8 智能电网通信技术

建立高速、双向、实时、集成的通信系统是实现智能电网的基础，没有这样的通信系统，任何智能电网的特征都无法实现。因为智能电网的数据获取、保护和控制都需要这样的通信系统的支持，因此，建立这样的通信系统是迈向智能电网的第一步。高速、双向、实时、集成的通信系统使智能电网成为一个动态的、实时信息和电力交换互动的大型基础设施。当这样的通信系统建成后，它可以提高电网的供电可靠性和资产的利用率，繁荣电力市场，抵御电网受到的攻击，从而提高电网价值。

适用于智能电网的通信技术需具以下特征：①具备双向性、实时性、可靠性特征，出于安全性考虑，理论上应是与公网隔离的电力通信专网；②具备技术先进性，能够承载智能电网现有业务和未来扩展业务；③最好具备自主知识产权，可具有面向电力智能电网业务的定制开发和业务升级能力。

1.3.9 资产全寿命周期管理

资产全寿命周期管理平台是实现电力资产定量考核与闭环管理的基础，建设资产全寿命周期管理平台是智能电网建设的基础之一，是实现电网资产高效化的技术保障。

企业资产管理的核心是精细化管理运行中的设备，以提高设备的利用率。电网企业是资产庞大的企业，需要引进资产全寿命周期管理概念，将对资产的管理覆盖电网规划、设计、施工阶段，同时扩大资产覆盖范围，包含企业办公设备等其他固定资产。资产全寿命周期管理是从前期电网规划、设备选型、设计、采购、安装、调试管理开始，到交付运行后的设备运行状态监控、维护保养、移动、退役直至报废整个寿命周期的管理，是一套涉及财务、管理、工程、运转的集成管理系统。实施高绩效的资产全寿命管理，就是通过全方位提升资产运营理念，完善资产管理制度和评价标准，形成较为完整的资产全寿命周期管理体系。资产全寿命周期管理是一个全新的管理理念，需要横跨财务、规划设计、物资、生产等部门，需要电网企业成立专门的责任部门，统管整个资产管理；需要遵循资产全寿命周期管理的理念，实行流程优化和流程再造，实现业务目标；需要建立相应资产评估和考核制度，提高资产管理的可控性。

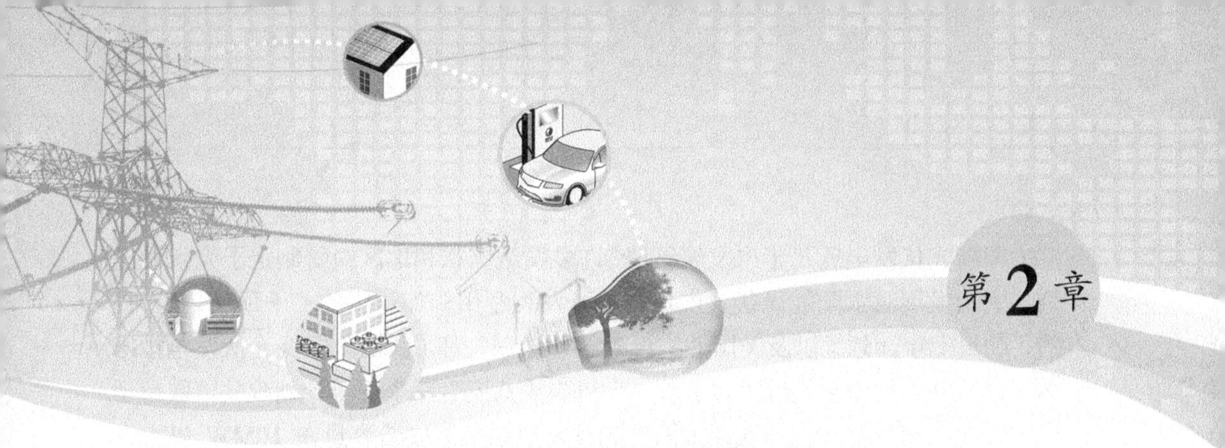

第2章 新能源发电及储能技术

2.1 新能源发电利用现状

能源是人类赖以生存的物质基础和社会发展进步的动力。面对能源需要和环境保护的双重压力，世界各国采取了提高能源利用率、改善能源结构、发展可再生能源等措施。欧洲发达国家如英、法、德等国已经制定了大量鼓励发展风能发电、太阳能发电等可再生能源发电的政策。我国是能源消耗大国，尤其应该重视可再生能源的利用和开发。目前，风力发电成为电力系统中增长速度最快的发电方式。随着风力发电技术的不断进步，风机的单机容量逐步增大，经济性也逐渐提高，发电成本持续下降，若考虑煤电的环境污染和交通安全等因素，风电的经济性优于煤电，而且风电的建设周期短，煤电、核电的建设需要3～10年的时间，风电一般只需半年至一年。由于风力发电具有较好的经济效益和社会效益，其发展开始受到世界各国政府的高度重视。

在欧洲风能协会和绿色和平组织联合发布的报告《风力12》（Wind Force 12）中指出：到2020年，全球风力发电的总装机容量将达到1231亿kW，发电量约为30 000亿kWh，占全球同期用电量的12%。就全球来看，欧洲风力发电的发展速度最快，其中德国的风电发展处于领先地位。德国的风电发展长远规划指出，到2050年将实现风电量占总用电量的50%。丹麦的风电已经可以满足全国18%的用电需求，法国也在制定风力发电的长远发展规划。在美国，已有超过1.7万台风力发电机投入运行，预计2050年风力发电量将占美国发电总量的10%。2005年全球风电新增装机容量1150万kW，其中一半以上的新增装机容量集中在美国、德国和西班牙。

我国的风能总储量为32.26亿kW，实际可开发的风能储量为2.53亿kW。截至2003年年底，全国累计运行风力发电机组1042台，总容量达567.02MW，预计到2010年我国风力发电装机容量可达4000MW，风力发电在我国的发展前景十分广阔。

太阳能光伏发电近几年也发展迅速，许多发达国家和地区纷纷制定了光伏发电计划，大力发展对太阳能光伏发电技术的开发和利用，如德国的“千顶计划”、日本的“朝日七年计划”以及美国的“百万屋顶计划”等。我国太阳能光伏发电技术自20世纪70年代以来经过“六五”、“七五”、“八五”三个五年计划攻关，取得了一定的发展，到目前为止，我国太阳能光伏发电系统总安装容量在10MW以上。1992年新疆巩留县示范区全部采用太阳能光伏供电，迈出了我国用阳光消除无电的第一步；青海省自1986年以来，已推广2.1万套光伏发电系统；西藏自治区目前已建光伏电站6座，其中1998年12月扩建成功的安多光伏电站总装机容量100kW，是我国目前最大的光伏工程。

风力发电、太阳能发电受气候、环境等因素影响很大，出力具有随机性、间歇性、波动性，发电功率难以保证平稳，而电力系统要求是供需一致，电能消耗和发电量相等，一旦这个平衡遭到破坏，轻则电能质量恶化，造成频率和电压不稳，重则引发停电事故。为了解决这一问题，在风力发电、太阳能光伏发电或者太阳能热发电等新能源发电设备中都配备有储能装置，在电力充沛时，多余电力可以储存起来，在晚上、弱风或者超大风时发电机组停运或者停运机组过多，发电量不足的时候释放出来以满足负荷需求。

2.2 风力发电关键技术

2.2.1 风力发电发展现状

目前世界上流行的风电技术大体上可分为恒速恒频（CSCF）和变速恒频（VSCF）两大类。恒速恒频系统采用同步发电机或感应发电机，风速变化时，系统通过一定的调节，保持风力机转速恒定，从而实现发电频率的恒定。该系统具有结构简单、投资少、运行维护方便等优点。变速恒频发电将电力电子技术、矢量变换控制技术和微机信息处理技术引入发电机的控制中，获得了一种全新的、高质量的电能获取方式。风力机采用变速运行，保持基本恒定的最佳叶尖速比，保证风能利用系数最大，然后通过适当的控制措施使其发出的电能变为与电网同频率的电能送入电力系统。该系统风能转换效率高，可实现发电机输出的有功功率和无功功率的独立调节，在实现最大风能捕获的同时，还可以调节功率因数，并且由于电力电子装置的容量相对较小，降低了系统设备成本。实现变速恒频发电的方法众多，如交—直—交系统、交流励磁发电机系统、开关磁阻发电机系统、磁场调制发电机系统、异步化同步发电机变速恒频发电机系统等。近年来，国内外比较关注的变速恒频风力发电方案是交流励磁变速恒频风力发电系统。该系统中的发电机可以是绕线式异步发电机（或双馈感应发电机），也可以是级联式无刷双馈发电机，现在最常用的是双馈感应发电机。

双馈感应发电机又称为交流励磁发电机，它的结构类似于绕线式异步发电机，定子和转子均安放对称三相绕组。定子绕组由频率恒定的对称三相电源激励，转子绕组由频率可调的对称三相电源激励，发电机的转速由定转子之间的转差频率确定。双馈发电机与普通异步发电机的工作原理基本一致，二者的区别在于普通异步发电机转子电流的频率取决于发电机的转速，而双馈发电机转子绕组的频率由外加交流励磁电源提供，其频率可以随之变化调节。双馈式风力发电机系统结构如图 2-1 所示。

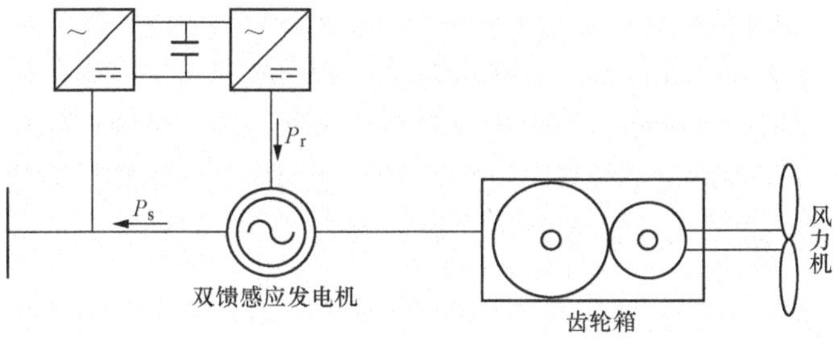

图 2-1　双馈式风力发电机系统结构

图 2-1 所示转子回路的变流环节采用的是带中间直流环节的背靠背式电压源（或电流源）型交—直—交 PWM 变流器。网侧变流器的主要任务：一是保证电流波形和功率因数满足要求；二是保证直流连接母线处电压的稳定。转子变流器的主要任务：一是调节有功功率，实现最大风能捕获；二是为转子回路提供励磁，调节定子无功功率。

2.2.2　风力发电控制技术

由于自然风速的大小和方向的随机变化，风力发电机组切入电网和切出电网、输入功率的限制、风轮的主动对风以及对运动过程中故障的检测和保护必须能够自动控制。风力发电系统的控制技术从定桨距恒速运行至基于变桨距技术的变速运行，已经基本实现了风力发电机组从能够向电网提供电力到理想地向电网提供电力的最终目标。

一、定桨距失速风力发电技术

定桨距风力发电机组于20世纪80年代中期开始进入风力发电市场，主要解决了风力发电机组的并网问题、运行安全性与可靠性问题，采用了软并网技术、空气动力刹车技术、偏行与自动解缆技术。桨叶节距角在安装时已经固定，发电机转速由电网频率限制，输出功率由桨叶本身性能限制。当风速高于额定转速时，桨叶能够通过失速调节方式自动地将功率限制在额定值附近，其主要依赖于叶片独特的翼型结构。在大风时，流过叶片背风面的气流产生紊流，降低叶片气动效率，影响能量捕获，产生失速。由于失速是一个非常复杂的气动过程，对于不稳定的风况，很难精确计算出失速效果，所以很少用在兆瓦级以上的大型风力发电机的控制上。

二、变桨距风力发电技术

从空气动力学角度考虑，当风速过高时，可以通过调整桨叶节距、改变气流对叶片攻角，从而改变风力发电机组获得的空气动力转矩，使输出功率保持稳定。采用变桨距调节方式，风机输出功率曲线平滑，在阵风时，塔筒、叶片受到的冲击较失速调节型风力发电机要小很多，可减少材料使用率，降低整机质量。其缺点是需要一套复杂的变桨距机构，要求其对阵风的响应速度足够快，减小由于风的波动引起的功率脉动。

三、主动失速/混合失速发电技术

这种技术是前两种技术的组合。低风速时采用变桨距调节可达到更高的气动效率，当达到额定功率后，风机按照变桨距调节时调节桨距的相反方向改变桨距。这种调节将引起叶片攻角的变化，从而导致更深层次的失速，使功率输出更加平滑，综合了前两种方法的优点。

四、变速风力发电技术

变速运行是风机叶轮跟随风速变化改变其旋转速度，保持基本恒定的最佳叶尖速比，风能利用系数最大的运行方式。与恒速风力发电机组相比，变速风力发电技术具有低风速时能够根据风速变化在运行中保持最佳叶尖速比获得最大风能，高风速时利用风轮转速变化储存的部分能量以提高传动系统的柔性和使输出功率更加平稳，进行动态功率和转矩脉动补偿等优越性。

2.2.3 风力发电机组并网技术

交流发电机并网条件是发电机输出的电压与电网电压在幅值、频率以及相位上完全相同。随着风力发电机组单机容量的增大，在并网时对电网的冲击也越大。这种冲击严重时不仅会引起电力系统电压的大幅度下降，还可能对发电机和机械部件（塔架、桨叶、增速器等）造成损坏。如果并网冲击时间持续过长，还可能使系统瓦解或威胁其他挂网机组的正常运行。因此，采用合理的并网技术是一个不容忽视的问题。

一、同步风力发电机组并网技术

对于风力机驱动同步发电机而言，其并网方式有准同步和自同步两种。前者在实际并网操作时，由于电压、频率和相位会有一些偏差，会产生一些冲击电流；后者的优点是不需要复杂的并网装置，操作简单、并网迅速，不存在非同步合闸的可能性，缺点是合闸后有冲击电流，电网电压会出现短时间下降。国家电网公司已于 2006 年 9 月发布了《风电场接入电网技术规定》（国家电网发展〔2006〕779 号），对风电场和电网的协调运行作出了明确的技术规定。由于风速的随机性，同步发电机直接移植到风力发电机组上使用不是很理想，并网时其调速性能很难达到所要求的精度。并网后若不进行有效控制，常会发生无功振荡与失步问题，在重载情况下尤为严重。但近年来随着电力电子技术的发展，通过在同步发电机与电网之间采用变频装置，从技术上解决这些问题，因此，采用同步发电机的方案又引起了人们的重视。

近年来基于变速运行、变桨距调节、低转速、高效率、高功率因数的直驱永磁同步风力发电机（DDPMG）已成为研究开发的热点之一。该类型发电机采用永磁体励磁，消除了励磁损耗，提高了效率，实现了发电机无刷化；并且运行时不需要从电网吸收无功功率来建立磁场，可以改善电网的功率因数；采用风力机对发电机直接驱动的方式，取消了齿轮箱，提高了风力发电机组的效率和可靠性，降低了设备的维护量，减少了噪声污染。永磁同步风力发电机与电网连接原理如图 2-2 所示，为保证并网瞬间发电机与电网上的电压、频率及相序一致，通过控制器采集电网电压、频率及相序等参数，然后与逆变器输出电压等参数进行比较，当达到并网条件时进行并网。此种并网方式在并网瞬间不会产生冲击电流，不会引起电网电压的下降，也不会对发电机定子绕组及其他机械部件造成损坏。

二、异步风力发电机组并网技术

异步风力发电机投入运行时，由于靠转差率来调整负荷，因此对机组的调速精度要求不高，不需要同步设备和整步操作，只要转速接近同步转速时，就可并网。显然，风力发电机组配用异步发电机不仅控制装置简单，而且并网后也不会产生振荡和失步，运行非常稳定。然而，异步风力发电机并网也存在一些特殊问题，如：直接并网时产生的过大冲击电流会造成电压大幅度下降，对系统安全运行构成威胁；本身不发无功功率，需要无功补偿；过高的系统电压会使其磁路饱和，无功励磁电流大量增加，定子电流过载，功率因数大大下降，不稳定系统的频率过于上升，会因同步转速上升而引起异步发电机从发电状态变成电动状态，不稳定系统的频率过大下降，又会使异步发电机电流剧增而过载等。因此，必须严格监视并采取相应的有效措施才能保障风力发电机组的安全运行。目前，国内外采用的异步发电机的风力发电机组并网方式主要有直接并网、准同期并网、降压并网、捕捉式准同步快速并网和软并网等。

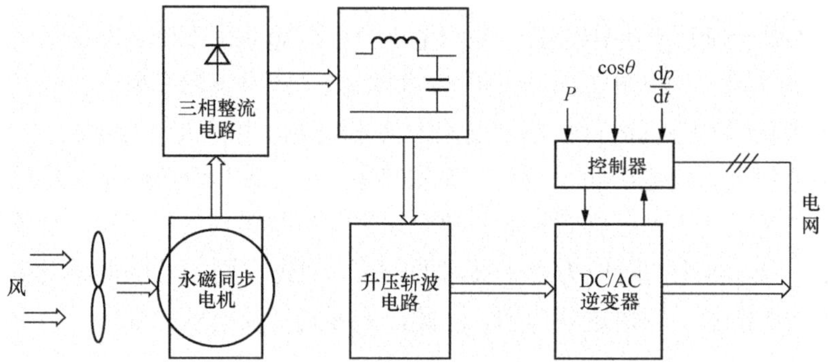

图 2-2　永磁同步风力发电机与电网连接原理

（一）直接并网方式

这种并网方式要求并网时发电机的相序与电网的相序相同，当风力机驱动的异步发电机转速接近同步转速的 90%～100%时，即可完成自动并网，如图 2-3 所示。自动并网的信号由测速装置给出，然后通过自动空气开关合闸完成并网过程。这种并网方式比同步发电机的准同步并网简单，但并网瞬间存在三相短路现象，并网冲击电流达到额定电流的 4～5 倍，会引起电力系统电压的瞬时下降，因此这种并网方式只适用于异步发电机容量在百千瓦级以下。

（二）准同期并网方式

与同步发电机准同步并网方式相同，在转速接近同步转速时，先用电容励磁建立额定电压，然后对励磁建立的发电机电压和频率进行调节和校正，使其与系统同步。当发电机的电压、频率及相位与系统一致时，将发电机投入电网运行，如图 2-4 所示。该并网方式合闸瞬间尽管冲击电流很小，但必须控制在最大允许的转矩范围内运行，以免造成网上飞车。

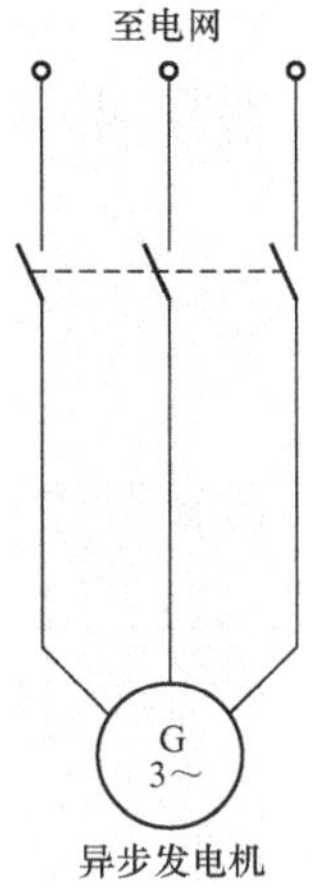

图 2-3 直接并网示意图

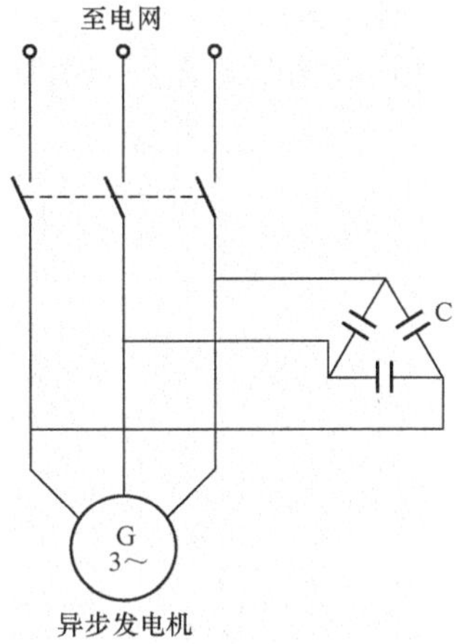

图 2-4 准同期并网示意图

（三）降压并网方式

降压并网是在异步发电机和电网之间串接电阻或电抗器，或者接入自耦变压器，以便降低并网合闸瞬间冲击电流幅值及电网电压下降的幅度，如图 2-5 所示。因为电阻和电抗器等元件要消耗功率，并网后进入稳定运行时应将电抗器和电阻退出运行。这种并网方式要增加大功率的电阻或电抗器组件，其投资随着机组容量的增大而增大，经济性较差。

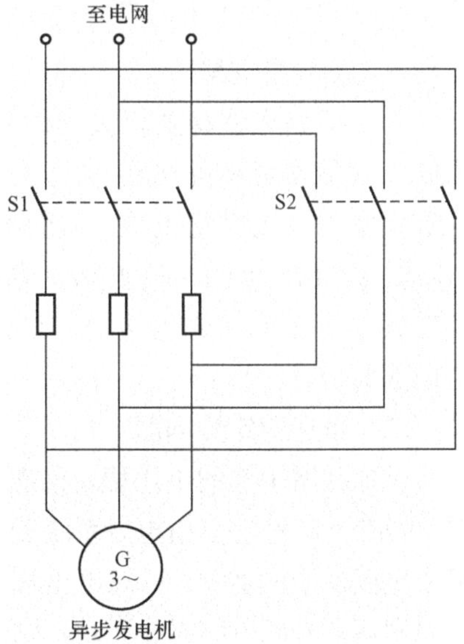

图 2-5 降压并网示意图

（四）晶闸管软并网方式

这种并网方式是在异步发电机的定子与电网之间每相串入一只双向晶闸管连接起来，实现对发电机输入电压的调节，接入双向晶闸管的目的是将发电机并网瞬间的冲击电流控制在允许的限度内。双向晶闸管的两端与并网自动开关 S2 的动合触头并联，如图 2-6 所示。风速变化的随机性，使发电机的输出功率在达到额定功率前是随机变化的，因此对补偿电容的投入与切除也需要进行控制，一般是在控制系统中设有几组容量不同的补偿电容，根据输出无功功率的变化，控制补偿电容的分段投入或切除。这种并网方法的特点是通过控制晶闸管的导通角来连续调节加在负载上的电压波形，进而改变负载电压的有效值。

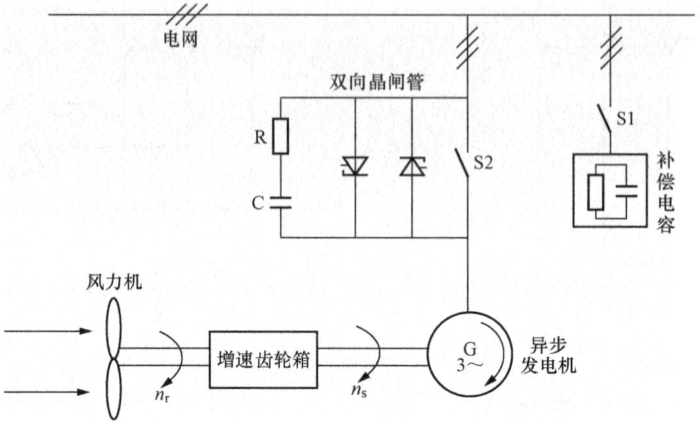

图 2-6　晶闸管软并网示意图

2.2.4　大规模风电并网面临的主要问题

一、稳定性问题

由于受到风资源随机波动性和间歇性的影响，风电场输出功率会随机变化，因此，大规模风电并网会引发系统稳定性问题。由于异步风电机组在启动及运行过程中需吸收大量无功，从而导致风电接入电网公共连接点（Public Common Coupling，PCC）的电压波动，容易引起电网薄弱地区的电压稳定性问题；而在有功备用不足的孤立电网中，过高比例的风电将会导致系统调频困难，频率稳定问题突出。

二、电压稳定性问题

风电并网引起的电压稳定问题，主要包括静态电压稳定问题和动态电压稳定问题。静态电压稳定是指电力系统受到小扰动后，系统电压保持在允许的范围内，不发生电压崩溃的能力。静态电压稳定通常借助电压稳定裕度指标来衡量，当风电接入电网后，若风电场吸收无功，则风电场的容量越大，系统的无功裕度越小，静态电压稳定问题越突出。

三、频率稳定性问题

风电并网的频率稳定性问题主要表现在两个方面：①有功波动带来的频率变动；②风电改变系统的惯性时间常数导致频率波动速度的增加。受风速波动的影响，风电机组有功输出也时刻发生变化，在备用容量不足的孤立电网中，频率稳定问题明显。

四、低电压穿越问题

风电机组的低电压穿越（LVRT）是指风电机组在 PCC 电压跌落时保持并网状态，并向电网提供一定的无功功率以支撑电网电压，从而穿越低电压区域的能力。PCC 的电压跌落会使风电机组产生一系列过电压、过电流问题，危及风电机组的安全，为保护风电机组免遭损坏，通常电网故障时风电机组自动解列，不考虑故障的持续时间及严重程度。在故障发生时，若大规模风电机组同时从系统解列，电网将失去支撑，可能导致联锁反应，严重影响电网的安全运行。在风电比例较高的地区，若风电机组不具备 LVRT，电网的瞬时严重故障将导致大量风电机组自动切除，严重威胁电网安全运行。

五、电能质量问题

风速的随机变化以及风电机组本身固有的塔影效应、风剪切、偏航误差等均会导致 PCC 的电压波动，进而引起闪变等电能质量问题，而双馈感应发电机（DFIG）等风电机组中的换流器会产生一定的谐波污染，从而带来电压波动与闪变、谐波等电能质量问题。

2.3　光伏发电关键技术

2.3.1　太阳能电池简介

光伏产业近些年发展非常迅速，应用范围已遍及民用、住宅等多领域，其中太阳能电池的研究与制造是至关重要的一个环节。太阳能电池的种类很多，主要有硅半导体、化合物半导体和有机半导体三大类，其中最常用的为硅半导体中的单晶硅、多晶硅电池，目前二者的市场份额达到 94%。太阳能电池是一种通过光电反应直接把光能转化成电能的装置。太阳能电池单体是用于光电转换的最小单元，其面积一般为 4～100cm^2，电压为 0.45～0.5V，工作电流为 20～25mA/cm^2，一般不能单独供电，所以依据所需要的电压、电流设计，通常以金属铅串并联数个太阳能电池单体，再封装保护后，成为太阳能电池组件模块（Photo Voltaic Module，PV Module），而若干太阳能电池组件模块可以通过串并联装配成更大功率的太阳能电池方阵（PV Array），如图 2-7 所示。

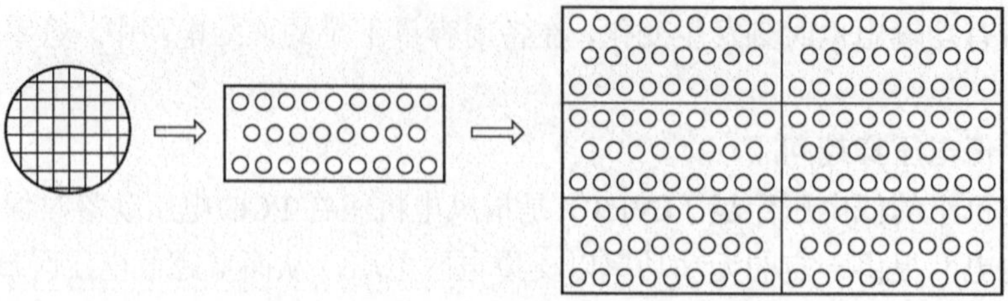

图 2-7　太阳能电池的单体、组件、方阵

对于同一特性的太阳能方阵来说，图 2-8 所示为太阳能电池的等效电路图，解析式为式（2-1）。

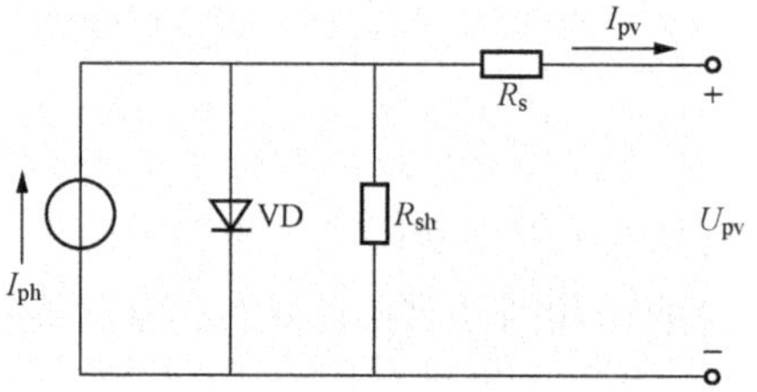

图 2-8　太阳能电池的等效电路图

$$I_{pv}=I_{ph}-I_j\left[\exp\frac{q(U_{pv}+R_sI_{pv})}{mkt}-1\right]-\frac{U_{pv}+R_sI_{pv}}{R_{sh}} \tag{2-1}$$

式中　I_{pv}——太阳能电池的输出电流；

U_{pv}——太阳能电池的输出电压；

I_{ph}——光生电流；

I_j——二极管反相饱和电流；

q——电子的电荷量，为 1.6×10^{-19}C；

m——二极管特性因子；

R_s——太阳能电池的等效串联电阻；

R_{sh}——太阳能电池的等效并联电阻；

k——玻尔兹曼常数，为 1.38×10^{-23}J/K；

t——太阳能电池温度，K。

由式（2-1）可知，改变日照强度和电池温度等条件，可以描绘出太阳能板的电压、电流与功率随日照强度和温度变化的曲线关系，将太阳能电池的特性描绘在图 2-9 中。可见太阳能电池在瞬息万变的环境下工作，日照与温度时刻发生着变化，因此对其输出功率必须加以适当的控制，才能取得最大输出功率。

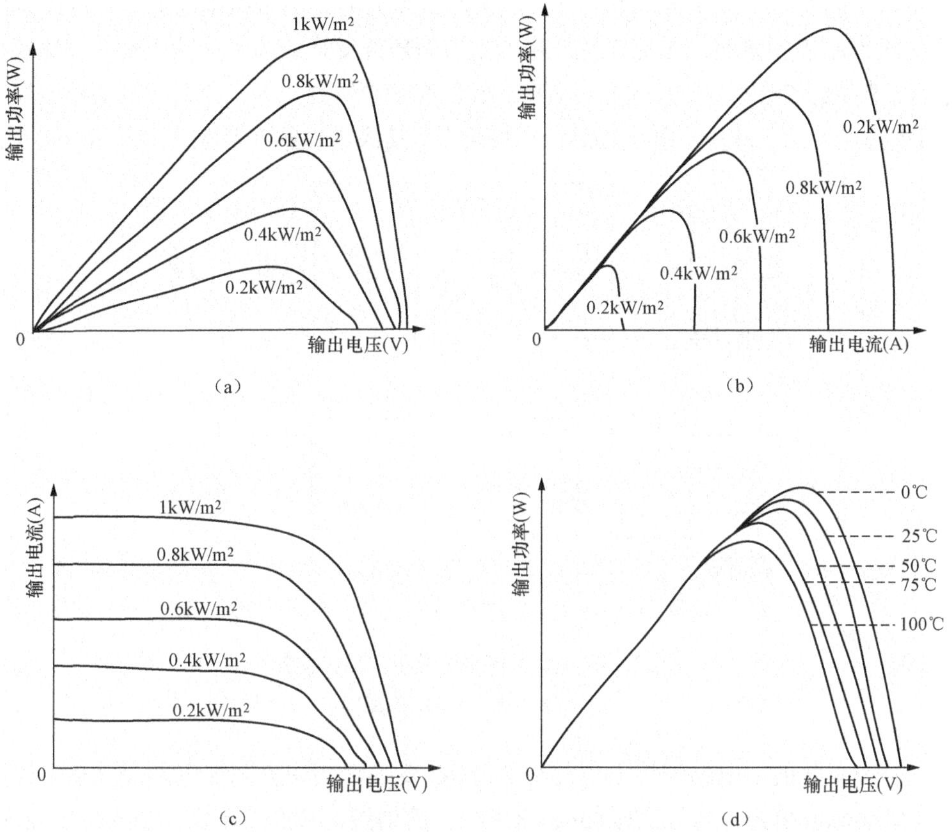

图 2-9　太阳能电池特性曲线

（a）太阳能电池在固定温度 25℃，日照强度 *A* 变化时，输出电压和输出功率的关系；

（b）太阳能电池在固定温度 25℃，日照强度 *A* 变化时，输出电流和输出功率的关系；

（c）太阳能电池在固定温度 25℃，日照强度 *A* 变化时，输出电压和输出电流的关系；

（d）太阳能电池在固定温度 25℃，日照强度 *A* 变化时，输出功率和输出电压的关系

2.3.2　光伏并网发电系统的工作原理

当前国内外光伏并网系统占据了光伏系统大部分的份额，光伏并网发电系统的技术也逐渐完善。光伏并网系统的主电路一般有两种结构形式，如图 2-10 所示，两者的区别在于是否使用蓄电池作为中间储能环节。带蓄电池的并网系统一般称为可调度式光伏并网系统。因为蓄电池的存在，该类并网系统可通过开关切换工作于多

种模式，整个系统可起到能量调节器、有源功率滤波器和不间断电源（UPS）的作用。该类并网系统适合于家居使用，有着巨大的市场潜力。不带蓄电池的光伏并网系统通过DC/DC变换器将太阳能电池产生的直流电斩波变换成适于光伏逆变的直流稳压电后，直接经DC/AC变换成电网频率一致的交流电馈送电网，该类并网系统一般用于工厂发电。由于减少了蓄电池这一中间环节，其成本比第一类系统要少40%左右。

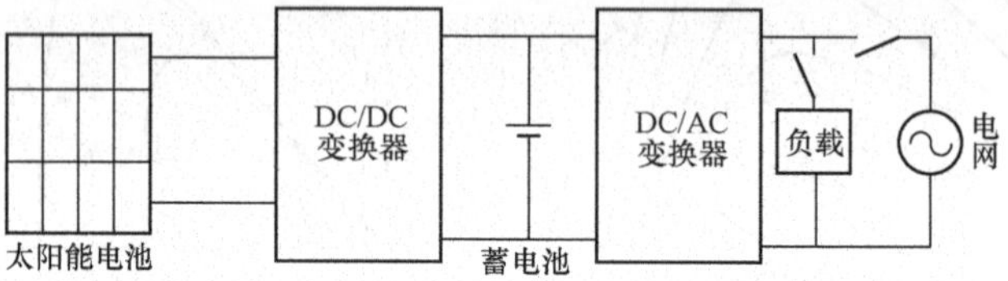

（a）

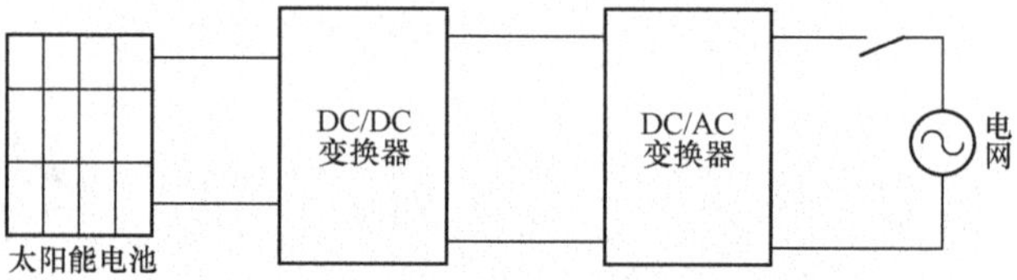

（b）

图 2-10　光伏并网系统的主电路结构图

（a）带蓄电池；（b）不带蓄电池

两类系统的主电路结构中的前级 DC/DC 变换器实现太阳能电池最大功率点跟踪（Maximum Power Point Tracking，MPPT）的功能，以提高光伏能源的转化效率。后级的 DC/AC 逆变器是光伏并网系统中的关键部件，其主要作用是把储存于蓄电池中的直流电能转换成与电网同频同相的交流电能馈入电网。

关于并网型光伏系统相关的研究，国内外已有相当的发展，这些研究包括最大功率点跟踪控制技术、并网控制技术、并网功率因数矫正、市电并联控制、孤岛效应检测与保护技术、检测技术等。下面主要讨论并网光伏发电的三个关键技术：并网控制技术、最大功率点跟踪技术和孤岛检测及保护技术。

2.3.3　并网控制技术

与常规的逆变器控制相比，光伏并网控制具有以下特点：①逆变器的输出端接电网，从控制原理上来说，电网是一个扰动量；②要求作为被控量的并网电流与电网电压同频同相。因此应用于常规逆变器的控制技术可以在光伏并网逆变器中予以应用，但要加上同步锁相控制环以保证并网电流与电网电压的同步。针对这些特点，下面介绍一种基于多变量双环控制与同步锁相控制相结合的综合控制策略。并网控制策略整体设计框图如图 2-11 所示。图 2-11 中，内环控制系统采用基于并网电流的瞬时值反馈，用于电流的实时跟踪。附加外环的目的是为了消除由于单独采用内环控制存在的原理性误差。外环控制系统的工作原理是：在电网过零点到来时，通过幅、相检测器分别检测并网流的幅值和相位，经 PI 调节后产生辅助参考电流以补偿只用单环控制产生的幅值和相位误差。辅助参考电流信号与同步锁相环产生的主参考电流信号相加后作为内环的参考电流。换个角度理解，外环与内环的共同作用保证了并网电流对主参考电流的无差跟踪。因此可将内环与外环一起称为电流跟踪环。电网电压过零点是同步锁相环和外环相位控制环的同步源，提供了产生正弦信号的基准点。

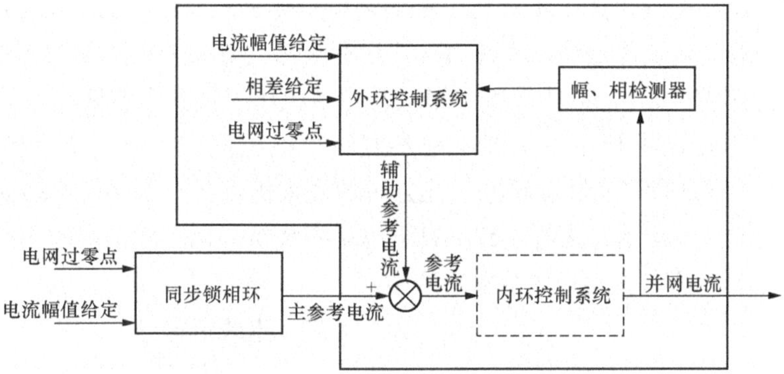

图 2-11　并网控制策略整体设计框图

2.3.4　最大功率点跟踪（MTTP）技术

在太阳能光伏发电系统中，太阳能电池是最基本的环节，若要提高整个系统的效率必须要提高太阳能光伏电池的转换效率，使其输出功率为最大功率。然而，太阳能光伏电池的伏瓦特性具有非线性，并且随着外界环境（温度、日照强度）的变化而变化，所以不好控制。但是，在某一特定的温度或日照强度总存在着一个最大功率点，如图 2-12 所示，因此，最大功率点跟踪的研究是至关重要的。

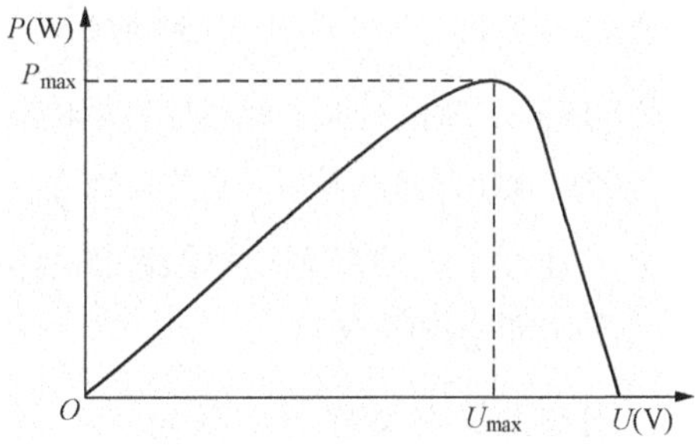

图 2-12　太阳能电池的伏瓦特性

目前比较常见的MPPT方法有固定电压法、实际测量法、直线近似法、增量电导法、扰动观察法、三点比较法。

一、固定电压法

固定电压法是最简单的一种最大功率跟踪法，根据图2-9（a）所示的太阳能电池特性可知太阳能电池最大功率点处的输出电压可近似为一个定值，经测试后得到在某个日照强度以及温度下的最佳工作电压值，然后通过控制使得太阳能电池的工作点一直维持在这个电压上。虽然这是最容易实现的方法，但是不能根据环境的变化来自动跟踪最大功率点，因此能量利用率较低，倒是在外太空环境下，环境变化小时，不失为一种好方法，目前依然广泛应用在人造卫星上。

二、实际测量法

固定电压法的弱点在于不能适时跟随环境变化来改变给定的电压基准，如果利用一片额外的小太阳能电池，通过扫描其在不同输出电压（一般为0.5～0.9倍的开路电压）下的输出功率，经比较得出最大功率点电压来得到当前环境下的最大功率点处的工作电压，再让主太阳能电池参照这个电压值来控制，那么就可以达到MPPT效果，于是有了实际测量法。此方法的最大优点在于不存在扰动误差，但是需要额外的太阳能电池和采样电路，对于小功率系统来说不能符合成本控制，所以比较适合用在大功率的太阳能发电系统中。

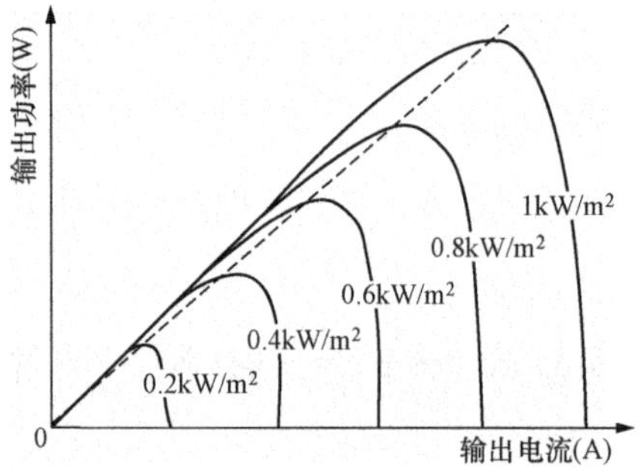

图2-13　25℃时，不同日照强度下太阳能电池的输出电流—输出功率关系曲线

三、直线近似法

直线近似法是一种比较新的跟踪方法，基本原理是根据 $dP/dI=0$ 这一逻辑判断式，利用一条直线来近似在某一温度下各种不同日照强度下的最大功率点，只要控制输出电流在此直线上即可实现最大功率点跟踪。根据太阳能电池等效电路可以得到最大功率点处的功率与电流近似的比例关系，从图2-13可以比较直观地看出。只要将工作曲线一直保持在这条曲线上，就可以达到最大功率跟踪的目的。

四、增量电导法

增量电导法又称导纳微分法，出发点在于：由高等数学知识可知，在 $\frac{dI}{dU}=0$ 时可得到太阳能电池的最大功率

$$\frac{dP}{dU}=\frac{d(IU)}{dU}=I+U\frac{dI}{dU}=0\Rightarrow\frac{dI}{dU}=-\frac{I}{U}$$

可以推出若太阳能电池工作点在左半曲线时，其输出电压电流关系为 $\frac{dI}{dU}>-\frac{I}{U}$；在右半曲线的话就有 $\frac{dI}{dU}<-\frac{I}{U}$ 的关系。通过对 $\frac{dI}{dU}$ 和 $-\frac{I}{U}$ 的大小进行比较，可以判断工作点的位置，并由此控制工作点的变化方向。此跟踪法最大的优点在于日照变化时，太阳能电池的输出电压可以平稳地跟踪日照变化，电压的波动比扰动法小，但是此方法的算法复杂，并且对精度要求较高。

五、扰动观察法

扰动观察法是借以周期性地改变负载大小来改变太阳能电池的输出电压及功率，也就是改变太阳能电池的工作点，并且观察比较变动前后两次的输出功率和输出电压的大小来决定下个周期负载的变动是增载还是减载。此方法存在振荡损耗和误判的问题。

六、三点比较法

另外介绍一种目前比较先进的跟踪方法——三点比较法，此方法是扰动观察法的改进发展。针对扰动观察法的不足，三点观察法在日照骤变时并不会跟踪，而是在日照较稳定的时候才去跟踪，以减少扰动损失。其跟踪原理为假定已经工作在最大功率点附近，在最大功率点附近取三个不同工作点，取点法则为：以工作点 B 为立足点，增加一个扰动电压 ΔU 则到 C 点，减去 ΔU 则到 A 点，这三个点可能出现的排列情况如图 2-14 所示。设定一个变量 Value，规定比较法则：①$C>B$，则 Value=1，否则 Value=−1；（2）$B>A$，则 Value=1，否则 Value=−1。三点比较后，将两次得到的 Value 相加，如果 Value =2，则表明工作点 B 在左半坡，电压就向 C 扰动；Value=−2，则表明工作点 B 在右半坡，电压向 A 扰动；而 Value=0 则表示工作点 B 已经在坡顶，不再扰动电压。但是在日照突变的情况下，就可能得到如图 2-15 所示的排列可能，但可以发现这三种情况下的 Value 都等于零，则工作点不会移动，避免这样的扰动损失。

将以上介绍的 6 种 MPPT 方法做一优缺点以及应用对比，见表 2-1。

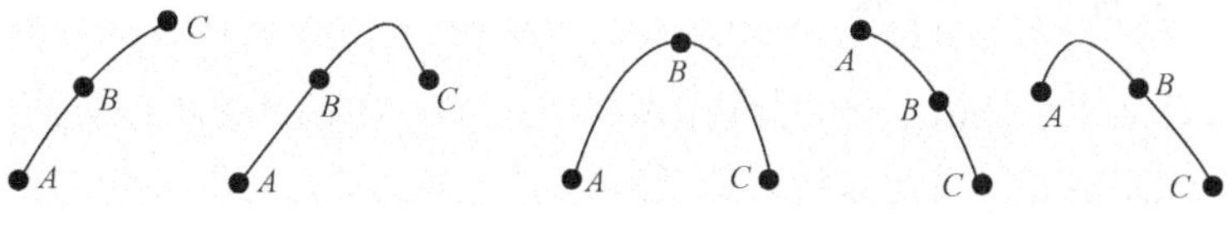

图 2-14　最大功率点附近三点可能的排列情况

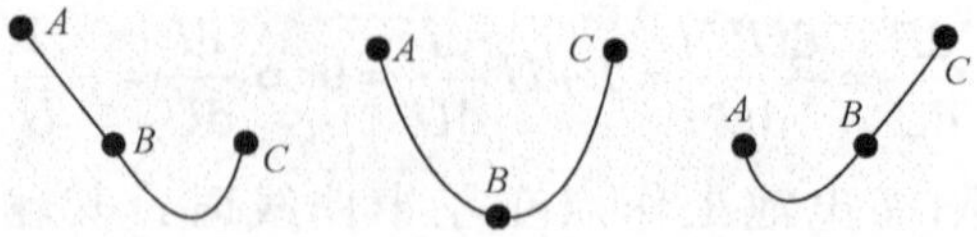

图 2-15　日照突变时三点可能的排列情况

表 2-1　　　MTTP 方法的基本原理及优缺点与应用对比

方法	基 本 原 理	优 缺 点	应　用
固定电压法	由太阳能电池 P—V 特性可见 MPPT 点分布近似在一固定电压值，测得此电压，再以此值反馈控制太阳能电池的输出电压恒定	简单容易实现；未考虑温度的影响，存在原理性的能量损耗	适用于环境变化不大的场合，如人造卫星
实际测量法	利用额外太阳能电池建立参考模型，求得当下 MPPT 点的电压或电流值，控制太阳能电池工作在此电压或电流下	性能最优异；成本高，需要额外太阳能电池及一些侦测电路	因成本限制，只用在大功率的太阳能供电系统
直线近似法	由太阳能电池 P—I 特性可见最大功率点的分布近似在同一直线上，只要将工作点控制在此直线上即可实现最大功率跟踪	容易实现，架构简单；未考虑温度，组件老化时会失去准确度	温度变化小时可快速实现
增量电导法	利用电流电压比值、瞬间电导值这两个参数来判断输出电压的增加或减少，以达到跟踪目的	跟踪性能优良，振荡损耗小；运算复杂，感测器精度要求很高	适用于气候变化大的情况
扰动观察法	改变太阳能电池的端电压，观察、比较变动前后输出功率的大小来决定下一步电压增、减动作，以达到跟踪目的	结构简单，需要观测的参数较少；在最大功率附近存在振荡损耗	适用于多变环境，是目前应用较多的方法
三点比较法	基本思想与扰动观察法类似，不同的是该方法以考察三点的电压功率特性来决定下步电压、功率的增减	较好避免最大功率点附近振荡损耗；结构复杂，跟踪实时性差	在环境变化缓慢的场合非常推荐使用

除了这几种比较常见的控制方法，现在模糊控制与类神经控制方法也开始应用于解决最大功率转换跟踪控制问题，这些方法能弥补一些传统控制方法的缺点，如控制参数的灵敏性、适用范围的限制等，但是这些方法也有其缺点，如不易实现、不易建立有效的经验法则等。

2.3.5　孤岛检测及保护技术

所谓孤岛效应，是指当电力公司的供电因故障、事故或停电维修而中断时，各个用户端的太阳能并网发电系统未能及时检测出停电状态而将自身切离市电网，而形成由太阳能并网发电系统和周围的负载形成的一个电力公司无法掌握的自给供电孤岛。一般来说，孤岛效应可能对整个配电系统设备及用户端的设备造成不利的影响，因此应采取合理的措施检测孤岛，进行反孤岛保护。孤岛检测方法分为被动检测法和主动检测法。

一、被动检测方法

（一）电压频率检测法

通常光伏发电并网系统均会有电网过电压、低压保护和过频、欠频保护，这几种保护电路提供了最简单有效的保护功能，一旦检测到电网电压、频率超出正常的范围时，即认为发生孤岛，保护电路就将并网逆变器切离电网。但是，当逆变器输出功率与负载功率达到平衡时，保护就会因为系统的电压和频率变动过小而不动作，当然这种可能性是极小的。

（二）电压谐波检测法

此方法主要用于电流控制型的并网逆变器中，因为电流控制型的逆变器的主要参考信号是市电电压，当市电故障时，并网逆变器的输出电流会在电力变压器上产生失真的波形，而此失真的波形再次被采入作为电流的参考量，则造成逆变器输出电压的谐波较大，以此来判断孤岛效应。

（三）相位跳变检测法

当电网突然断电时，电力逆变器的电压及电流相位差由负载决定，当相位差超过某一范围值时，认为发生孤岛即实施保护，但是如果负载是阻性负载或者负载造成的相位差不大，则会发生误判。

二、主动检测方法

（一）PQ 扰动法

通过控制逆变器的输出，周期性地加以有功功率或者无功功率扰动。当市电中断时，由于系统失去稳定的参考电源，扰动将造成系统电压或频率的明显变化，从而检测到孤岛现象。

（二）更改阻抗法

在电力输配电线路上加装一个电感或者电容，改变系统负载阻抗，当市电故障时，即将电感或者电容并入，通过无功功率破坏系统平衡，可以检测到电压、频率的异常，但是这个并联阻抗的选择是个不易解决的问题，而且可能对系统造成过大的影响而误判。

（三）频率偏移法

通过偏移市电采样信号的频率来作为逆变器的输出电流频率，造成系统频率的扰动，继而来检测判断孤岛，这种方法会造成系统供电不稳定以及输出功率因数降低。

由于电力系统的复杂性与不确定性，常会发生误判断的情况，而且目前常用的主动式检测方法一定程度上还影响了系统的功率因数甚至稳定性。为解决此问题，孤岛效应侦测技术主要朝向两个方向发展：

（1）侦测指标研究。也就是定义更为有效的测量参数，作为判断市电断电的依据，这其中包括电压、频率、相位，甚至于波形失真、阻抗变化等。

（2）判断方法的改善。当可以评定断电的侦测指标增加时，如何有效判定断电的发生就成为一个复杂的问题。在这一方面，以经验法则为基础的智能型控制方法，如模糊逻辑、类神经网络、灰色理论可应用于孤岛效应侦测。

2.4 储 能 技 术

2.4.1 储能技术的分类

目前电能储存的形式可分为物理储能（如抽水蓄能、压缩空气储能、飞轮储能等）、电化学储能（如钠硫电池、液流电池、铅酸电池、镍镉电池、超级电容器等）、电磁储能（如超导电磁储能等）和相变储能（如冰蓄冷等）四类。

一、抽水蓄能

抽水蓄能技术在电力负荷低谷期将水从下池水库抽到上池水库，将电能转化成重力势能储存起来，在电网负荷高峰期释放上池水库中的水发电。抽水蓄能的释放时间可以从几个小时到几天，综合效率在70%～85%，主要用于电力系统的调峰填谷、调频、调相、紧急事故备用等。抽水蓄能电站的建设受地形制约，当电站距离用电区域较远时输电损耗较大。目前，世界范围内抽水蓄能电站总装机容量 9000万 kW，约占全球发电装机容量的 3%。国家电网公司规划 2020 年公司经营区域内抽水蓄能规模将达到 2692 万 kW。

二、压缩空气储能

压缩空气储能技术在电网负荷低谷期将电能用于压缩空气，将空气高压密封在报废矿井、沉降的海底储气罐、山洞、过期油气井或新建储气井中，在电网负荷高峰期释放压缩的空气推动汽轮机发电。最早实现商业化运营的压缩空气储能系统于1978 年建于德国，装机容量为 290MW。另一个成功案例是 1991 年建于美国亚拉巴马州的压缩空气储能系统，它把压缩空气储存在地下 450m 的废盐矿中，可以为110MW 的汽轮机连续提供 26h 的压缩空气。压缩空气储能电站的建设受地形制约，对地质结构有特殊要求。

三、飞轮蓄能

飞轮蓄能利用电动机带动飞轮高速旋转，将电能转化成机械能储存起来，在需要时飞轮带动发电机发电。飞轮系统运行于真空度较高的环境中，其特点是没有摩擦损耗、风阻小、寿命长、对环境没有影响，几乎不需要维护，适用于电网调频和电能质量保障；缺点是能量密度比较低，保证系统安全性方面的费用很高，在小型场合还无法体现其优势，目前主要应用于为蓄电池系统作补充。

四、钠硫电池

钠硫电池在 300℃的高温环境下工作，其正极活性物质是液态硫（S），负极活性物质是液态金属钠（Na），中间是多孔性陶瓷隔板。钠硫电池的主要特点是能量密度大（是铅蓄电池的 3 倍）、充电效率高（可达到 80%）、循环寿命比铅蓄电池长等，然而其在工作过程中需要保持高温，有一定安全隐患。东京电力公司在钠硫电池系统开发方面处于国际领先地位，2004 年在 Hitachi 自动化系统工厂安装了当时世界上最大的钠硫电池系统，容量是 9.6MW/57.6MWh。

五、液流电池

液流电池的活性物质可溶解分装在两大储存槽中，溶液流经液流电池，在离子交换膜两侧的电极上分别发生还原与氧化反应。此化学反应为可逆的，因此可达到多次充放电。此系统的储能容量由储存槽中的电解液容积决定，而输出功率取决于电池的反应面积。由于两者可以独立设计，因此系统设计的灵活性大而且受设置场地限制小。液流电池已有全钒、钒溴、多硫化钠/溴等多个体系，液流电池电化学极化小，其中全钒液流电池具有能量效率高、蓄电容量大、能够 100%深度放电、可实现快速充放电且寿命长等优点。全钒液流电池已经实现商业化运作，能够有效平滑风能发电功率。在日本运营的容量为 4MW 的全钒液流电池为当地 32MW 的风电场提供储能，并已运行 27 万次循环，世界上还没有任何其他储能技术能够实现这一要求。

六、锂离子电池

锂离子电池的阴极材料为锂金属氧化物，具有高效率、高能量密度的特点，并具有放电电压稳定、工作温度范围宽、自放电率低、储存寿命长、无记忆效应及无公害等优点。但目前锂离子电池在大尺寸制造方面存在一定问题，过充控制的特殊封装要求高，价格昂贵，所以尚不能普遍应用。

七、铅酸蓄电池

铅酸蓄电池的主要特点是采用稀硫酸做电解液，是用二氧化铅和绒状铅分别作为电池的正极和负极的一种酸性蓄电池，具有成本低、技术成熟、储能容量大等优点，主要应用于电力系统的备载容量、频率控制、不断电系统；缺点是储存能量密度低、可充放电次数少、制造过程中存在一定污染等。日本 DEDO 曾经资助铅酸电池与光伏发电配合使用的示范项目，铅酸电池储能系统总储能容量为 4.95MW。

八、镍镉电池

镍镉电池可重复 500 次以上的充放电，经济耐用，寿命比铅酸电池更长，其内阻很小，可实现快速充电，又可为负载提供大电流，而且放电时电压变化很小，是一种比较理想的直流供电电池；缺点在于其记忆效应，而且镉材料资源短缺，价格十分昂贵。

九、超级电容器

超级电容器根据电化学双电层理论研制而成，可提供强大的脉冲功率，充电时处于理想极化状态的电极表面，电荷将吸引周围电解质溶液中的异性离子，使其附于电极表面，形成双电荷层，构成双电层电容。超级电容器历经三代数十年的发展，已形成容量 0.5～1000F、工作电压 12～400V、最大放电流 400～2000A 系列产品，储能系统最大储能量达 30MJ。但超级电容器价格较为昂贵，在电力系统中多用于短时间、大功率的负载平滑和电能质量峰值功率场合，如大功率直流电机的启动支撑等，在电压跌落和瞬态干扰期间提高供电水平。

十、超导电磁储能

超导电磁储能系统（SMES）利用超导体制成线圈储存磁场能量，功率输送时无需能源形式的转换，具有响应速度快（ms 级）、转换效率高（≥96%）、比容量（1～10Wh/kg）/比功率（104～105kW/kg）大等优点，可以实现与电力系统的实时大容量能量交换和功率补偿。目前，世界上 1～5MJ/MW 低温 SMES 装置已形成产品，100MJ SMES 已投入高压输电网中实际运行，5GWh SMES 已通过可行性分析和技术论证。SMES 可以充分满足输配电网电压支撑、功率补偿、频率调节、提高系统稳定性和功率输送能力的要求。与其他储能技术相比，超导电磁储能仍很昂贵，除了超导本身的费用外，维持系统低温导致维修频率提高以及产生的费用也相当可观。目前，在世界范围内有许多超导磁储能工程正在进行或者处于研制阶段。

2.4.2 蓄电池充放电控制策略

蓄电池在使用时根据所需电压和电流的要求，进行串联、并联或串并联组成电池组投入运行。蓄电池组一般有充放电制、浮充制和带有循环成分的浮充方式三种运行方式。

充放电制即循环制，该工作方式下蓄电池通常是完全放电，然后充电，再完全放电，再充电如此循环。这种工作方式多用于移动型、小容量、便携式蓄电池，如蓄电池车、矿灯等。

浮充工作方式下的蓄电池组同整流设备并联安装在负载回路上，平时用电设备所需的电流全部由整流设备供给。蓄电池保持少量的充电电流，同时在负载上起平滑滤波的作用，只要蓄电池电压低于直流供电外电源，外电源就会给蓄电池充电。当整流设备故障或外电源电力不足时，再启用蓄电池对负荷供电，直至整流设备恢复正常或外电源电力充足时为止，这样就保证了对负荷的不间断供电。浮充制用于固定蓄电池组，可进行直流供电，或者作为直流升压、事故照明、信号指示以及需要不间断供电的通信设备。

另外有一些蓄电池的运行方式不太典型，例如汽车、摩托车、内燃机车用启动型蓄电池，就是采用带有循环成分的浮充方式。风光发电系统作为边远地区的独立供电系统，需要提供不间断的电力能源。蓄电池在这样的系统中基本上是以浮充制方式运行的。由于风光发电不稳定性，实际操作中，蓄电池并不是工作在典型的充放电循环状态，而是在恒流—恒压—浮充三个阶段下工作，其各阶段电流、电压状态如图 2-16 所示。

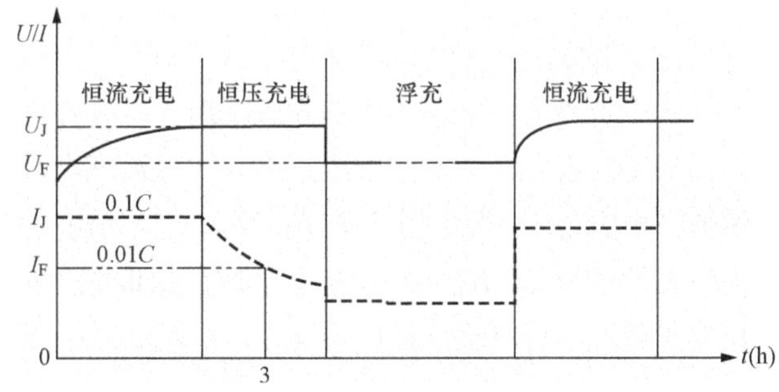

图 2-16 蓄电池的工作状态变化图

一、恒流充电

当系统检测到蓄电池亏电时，首先采用恒流充电方式充电。为了避免产生剧烈的化学反应而影响蓄电池的寿命，恒流充电时采用的充电电流一般用 0.1 倍率制，即

$$I_J = 0.1C \tag{2-2}$$

充电电流I_d、充电电压U_d、蓄电池反电动势E和充电回路总电阻（主要是电池电阻）R之间具有以下关系

$$I_d = \frac{U_d - E}{R} \tag{2-3}$$

式中 C——蓄电池放电率。

由于回路电阻R一般保持不变，电池反电动势 E 变化缓慢，因而，在某一时刻改变充电电压U_d，也就改变了充电电流I_d。恒流充电刚开始，反电动势E较小，电压不需要很高电流就能达到稳定值。随着充电的进行，反电动势不断升高，电池的端电压不断升高。一般当电池电压升高至 2.4V 每单体时，就不能再升了，否则

可能造成过充而损坏电池。所以需要不断检测电池的端电压，当超过设定的最大电压值时，充电过程进入下一个阶段。

二、恒压充电

对于一组正在充电的蓄电池，虽然蓄电池组的所有电池都处在同等条件下运行，但由于某种原因，有可能造成全组电池充电不均衡。在这种情况下，用恒压充电来消除电池之间的差别，以达到全组电池充电的均衡。试验表明，以恒流方式充电到限压值时，只能冲进 80%的容量，此后要利用恒压充电方式来进行补充充电，此时的恒压值一般取 $U_{\mathrm{J}}=2.4n$，式中 n 为蓄电池的节数。随着恒压充电的进行，电池电流也随着逐渐减小。当充电电流降低到浮充电流 I_{F} 时，电池已经基本充满，其中

$$I_{\mathrm{F}}=0.001C \tag{2-4}$$

恒压运行一定时间后，装置自动转入浮充阶段。

三、浮充

浮充阶段为低电压小电流充电阶段，以补充电池的自然放电。浮充时，须将充电电压稳定在蓄电池的额定电压附近（比恒流充电最高限压 U_{F} 要低），因而充电电流与恒流充电时电流相比要小。但是，由于工作情况的复杂性，恒压充电和浮充时也有电流较高的可能（如电池漏电等），这时应采取限流措施，保持电流不超过某一设定值而使电压降低，待电流降低后再稳压，这就是恒压限流的含义。浮充电压 U_{F} 大小如下

$$U_{\mathrm{F}}=2.25n \tag{2-5}$$

在整个充电过程中，检测蓄电池的端电压和 $\mathrm{d}v/\mathrm{d}t$，在充电后期端电压比较高，但 $\mathrm{d}v/\mathrm{d}t$ 很小。越是充电完全 $\mathrm{d}v/\mathrm{d}t$ 的变化越小，同时保证端电压不超过设定值，通过这两者判断充电终止是比较科学的。

蓄电池的型号不同，充电要求也不完全相同。在设定恒流充电、恒压充电和浮充等的参数时，要经过反复试验才能达到最佳充电效果，使蓄电池的使用寿命得到延长。

四、蓄电池的放电过程

放电时采用恒流方式工作，放电电流采用 0.1 倍率制，不能过放。一般满容量蓄电池放电 8h 为合格。当充放电装置工作在放电方式时检测蓄电池的端电压，当端电压小于设定值时自动停止放电，并且给予报警。

2.4.3 储能技术在新能源发电中的应用

风能、太阳能等多种新能源发电受到气候和天气影响，发电功率难以保证平稳，而电力系统要求是供需一致，电能消耗和发电量相等，一旦这个平衡遭到破坏，轻

则电能质量恶化，造成频率和电压不稳，重则引发停电事故。为了解决这一问题，在风力发电、太阳能光伏发电或者太阳能热发电等新能源发电设备中都配备有储能装置。在电力充沛时，多余电力可以储存起来，在晚上、弱风或者超大风发电机组停运或者停运机组过多、发电量不足的时候释放出来以满足负荷需求。

储能技术在可再生能源发电中的作用大致可以概括为以下三个方面：

（1）由于风力、光伏等可再生能源发电设备的输出功率会随环境因素变化而变化，储能装置可以及时地进行能量的储存和释放，保证供电的持续性和可靠性。

（2）改善电能质量，维持系统稳定。在风力发电中，风速的变化会使原动机输出机械功率发生变化，从而使发电机输出功率产生波动而使电能质量下降。应用储能装置是改善发电机输出电压和频率质量的有效途径，同时增加了可再生能源机组与电网并网运行时的可靠性。

（3）可再生能源发电系统可以与电网连接，实现向电网的馈电，并可以提供削峰、紧急功率支持等服务。而一些可再生能源分布式发电系统受环境因素的影响较大，因此无法制定特定的发电规划。如果配置能量储存装置，就可以在特定的时间提供所需的电能，而不必考虑此时发电单元的发电功率，只需按照预先制定的发电规划进行发电。

虽然风电和光伏发电系统通过引入蓄电池储能设备后能够稳定供电，但系统每天的发电量受天气的影响很大，仍会引起系统的供电与用电负荷的不平衡，从而导致蓄电池组处于亏电状态或过充电状态，长期运行会降低蓄电池组的使用寿命，增加系统的维护成本，因此选择合适的蓄电池控制策略尤为重要。

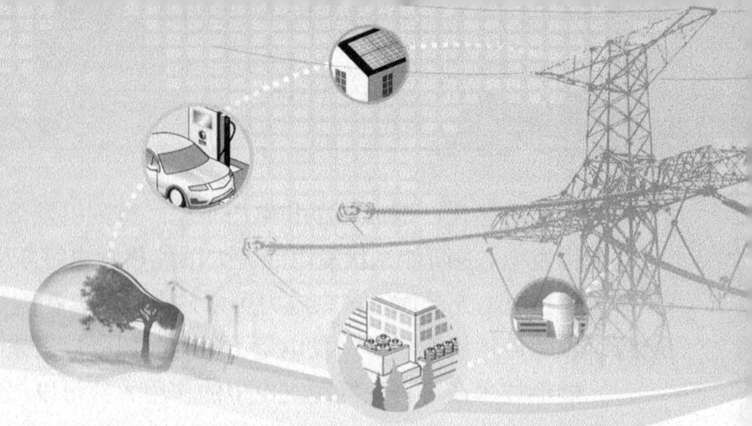

第3章

输电网状态监测技术

3.1 智能电网介绍

3.1.1 我国智能电网对输电线路的要求

中国正处于经济建设高速发展时期，电力系统基础设施建设面临巨大压力。同时，地区能源分布和经济发展情况极不平衡：负荷中心在中东部地区，而能源中心则在西部和北部地区，其中蕴藏量极大的风能主要分布于东北、西北、华北以及沿海地区，太阳能资源主要分布在西藏、新疆和内蒙古等北部和西部地区。因此，我国的智能电网必须以坚强的输电系统为核心，才能实现能源的大范围合理配置，为电力系统更高层次的智能化提供坚实的基础。国家电网公司在其《国家电网智能化规划总报告》中明确指出：输电环节智能化有助于充分利用现有电网资源，大幅度提高输电线路输送能力，降低输电成本；优化输电网运行条件，充分发挥现有输电线路的效率；提高电力系统稳定水平，促进智能电网的发展；实现状态评估、故障诊断、状态检修和风险预警，实现对线路运行状态的可控、能控和在控。以上内容，可以解读为两个方面的要求：在经济性需求方面提高输电线路的效率，降低输电成本；在安全性需求方面则要求实现输电线路监控能力，提高系统稳定水平。另外，该报告还列举了输电环节的智能化技术，具体包括柔性交流输电系统（FACTS）技术的应用、输电线路运行状态监测、输电线路智能化巡检、输电线路运行维护管理集约化等若干技术发展方向。

我国的智能电网尤其强调电网状态的可知性和可控性，强调电网的统一协调能力，强调电网的安全稳定性能。所以在我国智能电网的建设过程中，对输电线路的要求将主要体现在输送能力的挖掘和状态监控两个方面。即以通信、信息与控制技术为支撑，以卫星定位、智能监测与先进巡检技术为手段，实现输电线路信息化、自动化的自主创新；开展分析评估诊断与决策技术研究，实现输电线路状态评估的智能化；加强输电线路状态检修、全寿命周期管理和智能防灾技术研究应用，实现输电线路智能化技术的高级应用。

目前在我国电力行业中，对输电线路的管理依然停留在徒步巡视和静态管理的阶段，无法满足未来智能电网发展的需求，因而需要针对智能电网的发展目标，对输电线路维护的技术手段和管理方式进行多角度综合提升，使原有的粗放式管理向精益化方向转变，确立完善、合理的输电线路状态信息体系，进而构建完成输电线路状态监测系统，从而支持输电线路状态检修，提高输电资产管理水平。

3.1.2　智能输电线路特点及建设目标

一、信息化

应用现有的计算机技术、信息技术、传感测量技术、自动控制技术等实现输电线路数据收集、分析、共享；通过在线监测平台的实时数据和专家知识库实现险情预测、预警；通过对空间数据的统计和分析，及时掌握输电线路的总体情况；并以可视化的方式为各级管理部门进行决策提供可靠的依据。

二、自动化

通过在线监测设备，能够监测输电线路实时运行状态。利用 GPRS/CDMA 网络来传递数据信息，能够及时、快速地发现、诊断和消除故障隐患，提高电网运行的可靠性。

三、互动化

在先进的信息化技术下实现人机交互的实时性和数据的完整性。在 GPS 导航下可以迅捷地找到输电线路设备的所在地点；让管理部门与现场工作人员保持实时数据通信，并跟踪到现场工作人员的出巡情况；线路管理部门可以实时地获取到线路设备的运行情况，及时发现并排除故障，保证电网运行的稳定性。

智能输电线路应实现以下目标：

（1）实现各用户之间信息的共享和高速传递。

（2）通过在线监测平台的实时数据和专家知识库实现险情预测、预警。

（3）通过对空间数据的统计和分析，及时掌握输电线路的总体情况，如杆塔分布、险情分布等。

（4）通过历史的台账数据可以实现台账的查询统计分析。

（5）通过空间数据和属性数据统计和分析，以可视化的方式为各级管理部门进行决策提供可靠的依据。

3.1.3 智能输电线路系统建设的总体思路

智能输电线路系统建设的总体思路是以关键技术为基础，配合实际业务情况开发出一个系统平台。按系统功能分解为综合电子台账管理子系统、在线监测管理子系统、GIS 子系统、GPS 子系统和辅助决策子系统（见图 3-1）。

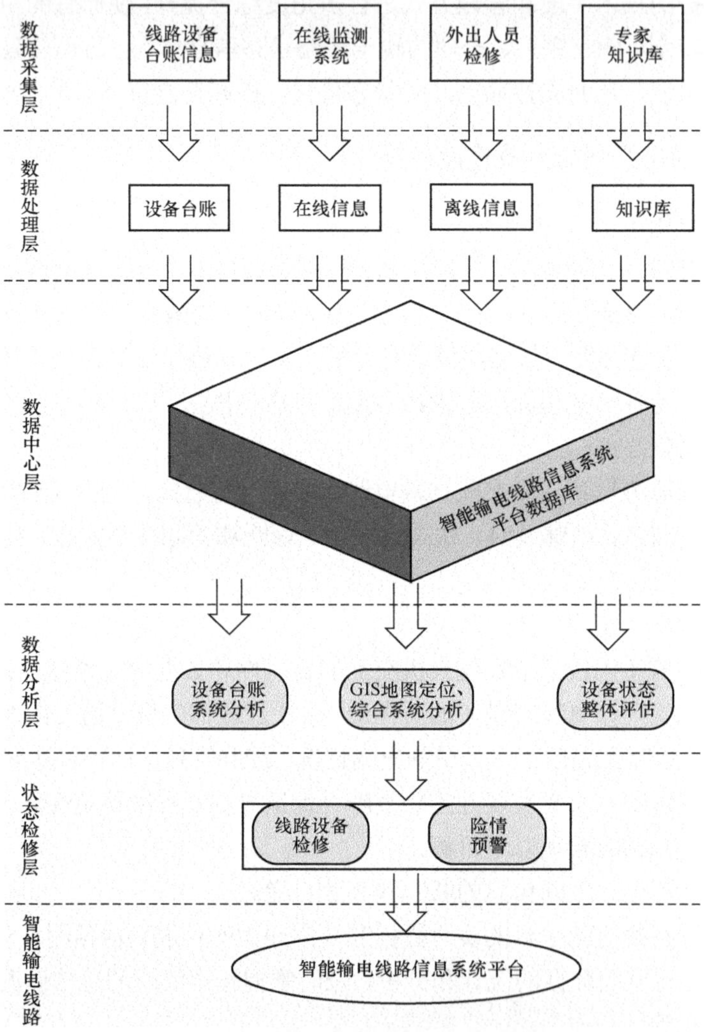

图 3-1 智能输电线路系统总体结构

智能输电线路系统关键技术如下：

一、GPS 技术

GPS（全球定位系统）由空间部分、地面控制部分和用户部分组成，这三个部分组成了一个完整的 GPS 系统。对于输电线路来说主要是使用 GPS 的定位、查找功能，并通过 Cirtix 远程接入技术或 GPRS/CDMA 移动短信网络平台将数据信息发送回计算机。

二、GIS 技术

GIS（地理信息系统）是一种基于计算机的工具，它可以对物体和事件进行成图和分析。GIS 技术把地图独特的视觉化效果和地理分析功能与数据库操作（例如查询和统计分析等操作）集成在一起。

三、GPRS/CDMA 技术

CDMA（码分多址）是在无线通信上使用的技术。GPRS（通用数据分组服务）是无线通信系统的标准，主要用于解决复杂环境无线网络少量数据传输问题。

四、Citrix 技术

Citrix 是一种远程接入技术，主要是为了解决无线网络和有限制网络大量数据传输问题。

3.2 输电线路状态监测关键技术

3.2.1 输电线路状态信息的主要内容

符合智能电网要求的输电线路状态信息至少应当包括基础信息、运行管理信息、灾害预警信息和环境监视信息 4 个方面。

一、基础信息的组成

基础信息主要包括台账信息、地理信息和管理信息等三大类。台账信息的内容包括线路名称、杆塔、基础、导线、绝缘子及金具的型号、基本参数等内容。地理信息应当是使用空间数据组织方式描述的输电线路在广阔地理环境下的位置、高度等信息。管理信息的内容也相当丰富，应当包括所属单位、设计单位、投运日期、改造情况、运行维护单位、设备主人、造价、编号等内容。

二、运行管理信息的组成

输电线路的运行管理信息还可以再细分为两个类别，一类是日常运行管理的信息，另一类是实时的运行信息。

（1）日常运行管理信息主要包括线路缺陷信息、线路故障信息、隐患信息和状态监测与评价信息。其中，缺陷信息是已经出现，影响或将来可能影响线路运行的情况，如鸟窝、金具损坏、绝缘子自爆、塔材被盗等；故障信息为线路发生故障的相关信息，如雷击跳闸、外绝缘闪络跳闸、外力破坏跳闸等；隐患信息是有可能造成线路故障的相关信息，比缺陷的含义更宽泛，如走廊内施工点、通道内有快速生长的高大植物，线路有遭受洪水的可能等；状态监测与评价的信息则是与输电线路状况相关的塔基、绝缘配置、锈蚀情况、运行管理情况等方面的综合信息。

（2）实时运行信息的内容较为丰富，如导线的温度、外绝缘状况、弧垂情况、载流能力等，这些信息与设备情况、电网负荷情况和环境情况均有关系，会随环境和运行方式而实时变化。

三、灾害预警信息

近年来，灾害性气象的发生越来越频繁，电网受到的影响也愈加严重，对于气象灾害提前预报的需求也更加迫切。威胁电网运行的主要气象灾害包括台风、雷电、冰灾、强对流天气等。

四、环境监视信息

输电线路，尤其是超高压、特高压等远距离输电线路往往需要跨越崇山峻岭，整条线路可能会跨越不同气象区，给线路运行管理带来一定的困难。对于人类活动比较频繁的地区，容易出现外力破坏的情况，威胁线路的运行安全。对于线路环境进行实时视频监视、微气象监测，能够提前发现山火、外破的情况，有效确保线路运行安全。对于难以到达的塔位和重点看护地区利用视频监视辅助人工现场巡视和危险点看护，也是线路运行管理模式的改进方向。

3.2.2 输电线路状态监测的关键技术

一、标准的信息表达形式

标准的信息表达形式是实现信息集成和信息交换的基础。为了统一设备的通信方式，我国已逐步开展了基于 IEC 61970/61968 等标准的公共模型设计工作。IEC 61970《能量管理系统应用程序接口（EMS-API）》系列标准主要包括公共信息模型（CIM）和组件接口规范（CIS）两方面的内容。其目的和意义在于便于来自不同厂家的 EMS 系统内部各种应用的集成、便于 EMS 系统与调度中心内部其他系统的互联以及便于不同调度中心 EMS 系统之间的模型交换。目前我国已发布了与 IEC 61970 等同的 DL 890 系列标准。在 IEC 61970（DL 890）中定义了 Wire 类型包，用于描述输电和配电网的电气特性信息，对于交流线路则定义了 AC Line Segment（其中包含直流线段类 DC Line Segment），属性则包含了线路全部序参数、物理特性和连接情况等。基于 CIM 提供 Power System Resource 基础类定义，还定义了输电线路的公司管理属性。

二、灵活的信息通信方式

输电线路状态信息来源于不同的单位、不同的机构，实时信息则来源于不同的装置。这给信息通信带来了不便，因此要实现线路状态信息的交互必须要采用灵活的信息通信方式。在智能电网的建设过程中，已经充分强调了变电站的智能化建设的需求。在已颁布的智能变电站设计和设备智能化改造的相关规定中，更是强调了信息交换的灵活性，并推荐采用 IEC 61850 协议进行信息交互。我国在 IEC 61850 协议的研究和应用方面紧跟技术的发展动向，目前已经发布了 DL 860 系列标准与 IEC 61850 对应。IEC 61850（DL 860）标准采用自描述、自定义的模式处理变电站内的通信协议和设备模型，具有灵活接入的特性，便于进行数据融合和统一，这正是智能电网的需求。虽然 IEC 61850 中没有针对输电线路进行典型建模，但是完全可以使用 IEC 61850 协议进行输电线路状态信息的交互，这有利于输电和变电设备智能化的最终统一。我国华东电网公司在此方面已经进行了初步的实践，采用 IEC 61850 协议实现了线路外绝缘状态信息的通信，并编写了《基于 IEC 61850 标准的在线监测系统应用规范》。

三、统一的信息管理平台

传统的输电线路状态信息原始数据往往分散地存储在不同的平台上，来源各异，所涉及的管理部门、设备接口、数据交互等十分繁杂，这无疑造成了数据的管理、维护以及利用的困难，因此需要建立一个统一的信息管理平台，才能够实现信息的跨安全区和跨平台交互。随着我国的智能电网建设逐渐将输电线路的粗放型管理方式向精益化管理方式的转变，建立统一信息管理平台的输电线路状态监测系统，具有十分重要的意义。目前华东电网公司已经开始了诸多的努力和有益的尝试，但是还需要在关键技术方面进行持续不断的工作，才能最终建立完善的输电线路状态信息体系。

3.2.3　华东电网输电线路状态监测系统建设

一、监测系统建设目标和功能需求

国家电网公司 2009 年 5 月发布的《统一坚强智能电网综合研究报告》中指出，按照建设信息化、自动化和互动化的统一坚强智能电网目标，输电环节还存在一定的差距，主要表现为标准不够完善、管理相对粗放、状态监视不足和信息化程度较低。华东电网公司通过输电线路状态监测中心的建设规范线路监测技术的标准，强化线路状态监测能力，全面提升线路信息化水平，并逐步构建围绕输电线路监测中心的新型管理制度，满足发展坚强、统一智能电网的需要。华东电网输电线路状态监测中心按照网省公司、地市公司二级进行建设，并建立与国家电网公司总部的数据接口，实现国网—网省—地市公司三级架构。状态监测中心既是输电线路运行状态监控平台，又是输电线路数据分析与指挥决策平台。华东电网输电线路状态监测中心建设是一项长期、系统的工程，总体建设目标为：建设华东电网有限公司输电线路状态监测中心，对华东电网公司负责运维线路的环境参数和运行状态集中监测，实现输电线路的安全预警，为生产管理提供决策信息支持，为华东电网调度提供辅助决策信息，对华东电网公司输电线路状态信息进行统计分析，为规划、设计、运行部门制定技术原则及确定技改、大修、科研项目提供技术支持。

二、监测系统的基本结构

监测系统的基本结构如图 3-2 所示。输电线路状态监测系统的结构可以分为应用系统、数据中心和数据应用三个层次。应用系统层由多个单独的应用系统组成，每个单独的应用系统反映线路运行状况的一个方面，如线路增容系统、视频监测系统、雷电定位系统等。这些应用系统有的已应用于生产管理，但彼此独立，不利于发挥综合优势，输电线路监测中心建设时将根据标准化改造方案进行统一改造。数据中心层将上层各独立应用系统的数据集成起来，进行统一管理、集中处理、综合分析，实现多系统的数据融合。数据应用层能够基于实时监测数据建立输电线路的虚拟现实模型，并利用三维平台构建线路关键点的虚拟现实对象，实现监测系统的可视化。数据应用层将采用 B/S 架构，用户机可采用浏览器查询各类数据信息并进行自主分析，实现对生产管理的辅助决策支持。

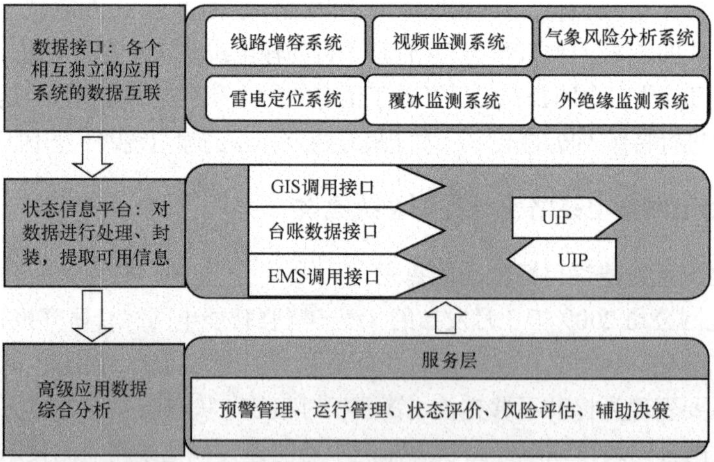

图 3-2 输电线路状态监测系统的基本结构

三、系统的通信方式

建立输电线路状态监测系统需要了解输电线路沿线的情况，包括数据和图像等内容，这些信息的传输需要大容量信道的支持。为了保证通信通道的可靠性和鲁棒性，考虑采用 OPGW 冗余的纤芯中的 4 根组成通信系统，并结合两变电站间的 SDH 设备构建成光纤自愈环网拓扑结构。OPGW 通信系统依托 OPGW 光纤作为传输通道，在杆塔的 OPGW 接续盒处使用光纤交换机作为现场 OPGW 接入装置，通过多个光纤交换机级联组成 OPGW 通信系统环网，在杆塔上提供以太网方式的 100Mbit/s 数据接入服务，对于没有 OPGW 接续盒的杆塔则采用无线通信的方式进行数据中继。这样可以使分布在各个杆塔上的在线监测装置能够使用以太网进行数据传输，保证整个通信系统 24 小时不间断工作。通信系统的结构如图 3-3 所示。

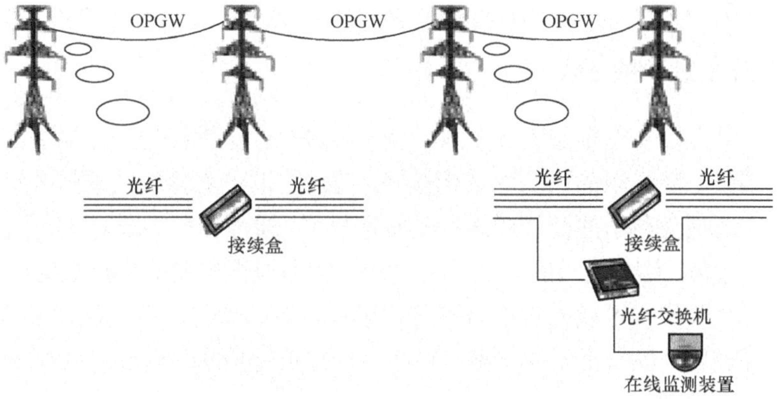

图 3-3　通信系统的结构

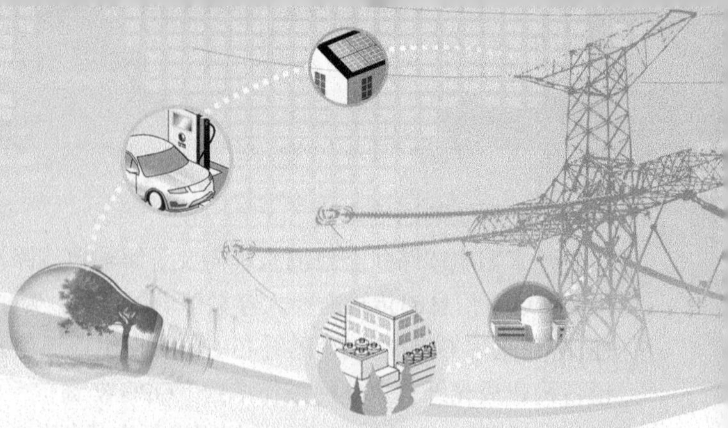

第4章

变电站设备在线监测技术

4.1 电力设备在线监测技术及发展状况

4.1.1 状态监测关键技术

最初，电力设备检修方式是在故障发生后进行改正性检修，称为事故检修；之后发展为固定时间间隔的预防性定期检修。随着我国电力体制改革的推进，电力市场的发展需要更为科学的检修模式——状态检修，通过各种手段对正在运行的设备进行评估、诊断，给出有针对性的维修建议。状态检修机制的优点是能够防止恶性事故发生，避免维修过剩或者维修不足，延长设备的使用寿命，优化设备的运行。

变电站在线监测就是利用传感、电子、计算机等技术，通过对变电站运行中的高压设备如断路器、变压器、TV、TA、高压套管、组合电器（GIS）等实施连续监测，来实现对电力设备运行状态的带电测试或不间断的实时监测和诊断，包括信号采集和传输、数据处理、逻辑判断等。

传感器、计算机网络和数据库、数据分析三部分是状态监测的基本组成。其中，传感器技术和数据分析技术是状态监测系统所特有的关键技术，以下将分别加以说明。

一、传感器技术

状态监测系统输入的信号包括电、热、声、振动等物理量，还有油、气体经化学分析得到的分解物含量，各种来源的信号都要通过传感器转换为电信号。传感器是监测系统的输入端，直接影响监测系统的精度和准确性，也是控制和测量技术的难点和瓶颈。国产传感器的性能和质量与国际先进水平相比还有差距。传感器作为一个装置，由变换元件、单片机系统和通信接口等组成，如图 4-1 所示。

二、数据分析技术

在状态监测系统中，数据分析的任务是从采集到的数据中得到设备运行的有关信息。数据分析过程分为数据预处理、特征提取、状态分类和处理决策 4 个主要环节，如图 4-2 所示。

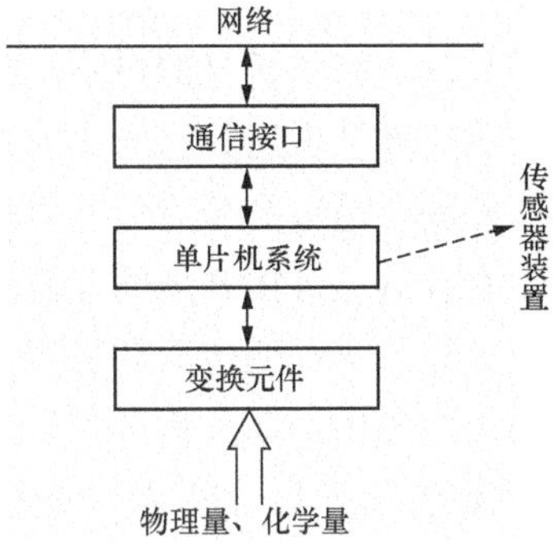

图 4-1　状态监测系统的传感器部分

数据预处理包括数据选取、消除噪声等前期处理过程。特征提取是指采用数理统计、信号处理（FFT、小波分析、分形和混沌）等方法提取信号的特征。状态分类和处理决策是数据分析的核心部分，也是难度较大的部分。其中，处理决策是得出最后结论，例如确定设备是否存在故障、存在何种故障、故障部位和程度等，以及确定是否进行检查和维修。很多情况还需要人工处理，计算机只能对少数故障进行分析和决策，因为涉及设备的具体问题，准确结论完全依据对设备故障机理的了解和经验的积累，这是一个复杂的过程，一般很难通过建模或仿真来解决。

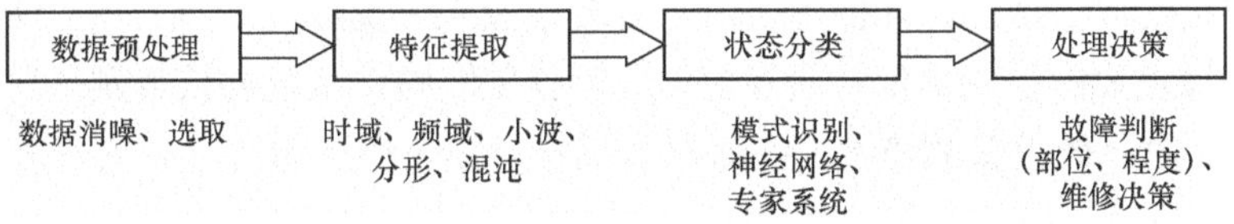

图 4-2　数据分析的主要环节

4.1.2　电力设备在线监测国内外研究应用现状

国外开展在线监测技术的研究较早。早在 1951 年，美国西屋公司的约翰逊针对运行中的发电机因槽放电导致发电机损坏现象，研究并监视了发电机运行条件下的槽放电现象。20 世纪 60 年代美国率先开发在线监测技术，成立了庞大的研究机构，每年召开 1～2 次学术交流会议。20 世纪 70 年代加拿大、日本、苏联等国家的在线监测技术开始起步，并得到迅速发展。其中加拿大于 1975 年研制成功油中气体分析在线监测装置；日本于 20 世纪 70 年代末研制成功油中氢气的监测装置，20 世纪 80 年代研制了变压器局部放电的监测装置；苏联在线监测技术也发展较快，特别是在电容性设备绝缘监测和局部放电的在线监测方面，有较强的技术实力。我国在线监测技术起始于 20 世纪 80 年代，经过多年的研究和实践，在线监测技术已呈快速发展趋势，部分成熟产品正逐渐向电网设备推广和应用，并涵盖了主要的电气设备。

电力系统中的供电设备种类繁多、数量庞大，目前实施在线监测的主要有变压器、开关类设备（如断路器等）、避雷器、电容型设备、GIS 等。近年来，开展这方面技术研究的高等院校、科研院所结合新理论、新技术、新监测手段的发展，使在线监测取得了长足的进步。变压器是变电站的关键设备，对变压器及其组件的在线监测研究及应用具有重大的意义。国外主要从以下几个方面进行监测：油中气体在线监测、绝缘在线监测、局部放电监测、热点监测、绕组变形和移位分析以及变压器有载调压分接开关的监测。一些公司和研究机构相继开发出了自己的在线监测系统。如日本关西电力和三菱电机公司采用色谱分离技术，于 1981 年研制出“变压器油中气体自动分析装置”并投入现场试用，可以在线监测油中永久性气体和烃类气体等 11 种组分的含量变化。美国的一些公司也开发了相应的系统，包括色谱、油温、油中水分、套管特性、局部放电、油中水分和有载分接开关状态等多个监测项目。欧洲的公司也推出了类似的系统，而且开发了新型的传感器。总体而言，由于新材料、新技术的应用，变压器在线监测系统的发展是比较迅速的。国内有诸多单位近年来也开始研制变压器等的在线监测装置，经过不断的探索与实践，已逐步走向应用化阶段，而且已有相应在线监测装置投入了商业化运行。高压断路器是电力系统中最重要的控制和保护设备之一。对高压断路器实施在线监测，及时了解其运行情况，对降低设备故障率、提高电力系统的安全性和可靠性具有重要的现实意义。目前，国内许多单位和研究机构都在开展这一方面的工作。

目前，在线监测技术的实际应用尚需进一步积累经验，其可靠性也需要进一步完善和提高，但这种技术的成熟应用，将为电力主设备的安全运行构筑一道坚强的安全预控防线。其对设备信息监测的实时性将使其取代现有的预防性试验技术而成为电力设备安全运行的第一道防线。

4.2 变压器在线监测技术

4.2.1 大型变压器状态监测与故障诊断的意义

变压器是电力系统的发、变、送、用环节中最重要、最昂贵的设备之一，其运行的安全性和可靠性直接影响整个电力系统运行的完整性，关系到变电企业、广大用户的利益和人民群众的生活。因此，大型变压器的状态监测与故障诊断技术，对于保证变压器安全可靠运行，保障送变电的安全具有十分重要的作用。长期以来，人们结合变压器的结构参数、运行工况和环境因素，研究了各种状态监测和故障诊断的方法和技术手段，以期对可能发生的故障进行预测，对已经发生的故障确定其故障的性质、类型和严重程度。目前局部放电试验（Partional Discharge）、油中溶解气体分析（Dissolved Gas Analysis，DGA）以及绝缘油的特性试验等在变压器状态监测和故障诊断中已经得到广泛的研究和应用。这些方法和技术对于发现变压器的早期故障或故障趋势、防止事故发生起着很重要的作用。

4.2.2 变压器常规在线监测技术

一、变压器油中溶解气体监测

绝缘是变压器的关键，包括绝缘油和固体绝缘材料。绝缘油受热时分解成碳氢化合物，如 H_2、CH_4、C_2H_6、C_2H_4、C_2H_2 气体；固体绝缘材料则分解成碳氧化合物，如 CO、CO_2；若绝缘材料是合成树脂材料（苯酚—甲酚树脂，phenol—ofmraldehyde Resin），所分解的气体以 C_3H_8（丙烷、丙烯）、C_4H_8（丁烯）气体为主。通过选择不同的气体以及不同气体之间的组合方式，将某两种气体之间的比值进行编码，就形成各种不同的故障诊断判据，其中主要有 Rogers、IEC 三比值法、四比值法、电协法等。目前广泛采用的 DGA 故障诊断方法中，诊断气体可有 7 种、9 种（加 O_2、N_2）及 12 种（加 C_3H_6、C_3HS、I-C_4H_{10}）三类。诊断方法大致分为：

（1）关键气体分析法（Key Gas Method）。此方法依据不同的指标性气体生成量，推论出不同故障类型。

（2）编码分析法（Ratoi Codes Criterion）。此方法将两种气体成分比值归类编码，如 C_2H_2/C_2H_4、CH_4/H_2、C_2H_4/C_2H_6，由编码对应的故障类型推论异常状态。

国家标准推荐采用三比值法（5 种特征气体的三对比值）作为判断变压器或电抗器等充油电气设备故障性质的主要方法。三对比值由不同的编码表示，三比值法的编码规则见表 4-1。

表 4-1　　三比值法的编码规则

特征气体的比值	比值范围编码			说　明
	$\frac{C_2H_2}{C_2H_4}$	$\frac{CH_4}{H_2}$	$\frac{C_2H_4}{C_2H_6}$	
<0.1	0	1	0	例如：当 $\frac{C_2H_2}{C_2H_4}$=1～3 时，编码为 1；当 $\frac{CH_4}{H_2}$=1～3 时，编码为 2
0.1～1	1	0	0	
1～3	1	2	1	
>3	2	2	2	

在应用三比值法时应该注意：

（1）只有根据各组分含量的注意值或产气速率的注意值有理由判断可能存在故障时才能进一步用三比值法判断其故障的性质。对气体含量正常的变压器等设备，比值没有意义。

（2）表中每一种故障对应于一组比值，对多种故障的联合作用，可能找不到相对应的比值组合。

（3）在实际中可能出现没有包括在表 4-1 中的比值组合，对于某些组合的判断正在研究中。例如，121 和 122 对应于某些过热与放电同时存在的情况，202 或 201 对于有载调压变压器，属于应考虑切换开关油室的油可能向变压器的本体油箱渗漏的情况。

根据上述结果以及其他检查性试验（如测量绕组直流电阻、空载特性试验、绝缘试验、局部放电试验和测量微量水分等）的结果，并结合该设备的结构、运行检修等情况，综合分析判断故障的性质及部位，根据具体情况对设备采取不同的处理措施（如缩短试验周期、加强监视、限制负荷、安排近期内检查、立即停止运行等）。

二、变压器局部放电在线监测

变压器局部放电是反映高压电气设备状态的一个重要标志，因为很多故障均产生局部放电。一般情况下，如果在变压器油中发现了特征气体，则表明其内部已经存在比较严重的局部放电。例如，铁心绝缘不良可以导致放电，在故障较严重时还会导致铁心两点接地，甚至出现工频短路电流。因此，局部放电最能有效反映变压器内部的绝缘状况。对 500kV 超高压系统及特高压系统的大型电力变压器可靠性监测来说，局部放电在线监测非常有效。变压器局部放电定量检测主要采用的是电信号检测技术，包括脉冲电流法、超高频检测法和超宽频检测法等，目前广泛采用的是脉冲电流法。随着传感器技术、数据采集技术等的不断发展，局部放电的检测向超高频和超宽频方向发展。同时电力变压器局部放电超声检测也有很好的应用前景，光纤技术已经应用在局部放电的超声探测上。国内外很多专家在变压器局部放电的在线监测及故障诊断方面进行了深入的研究。

三、变压器绕组热点的在线监测

变压器绕组热点温度的测量方法包括直接测量法和间接计算法。直接测量法是在绕组靠近导线部分埋设传感器，由温度测量仪测温。传感器有多种结构形式，目前常用各种类型的光纤传感器，已商品化的可供电力变压器应用的荧光光纤温度计有美国 Luxtron 公司生产的 WTS - Ⅱ型变压器绕组温度光纤监测系统等。这种方法一般在制造或绕组改造过程中埋设测点才可能实施，如能多埋设几点可能碰上真正的最热点，测量结果比较准确，但维护技术复杂、绝缘处理比较困难、价格也十分昂贵。如果测点装设工艺处理不好，还会影响变压器的安全运行。针对传感器埋点不一定是绕组最热点的问题，张在宣、金仁洙等人提出了一种分布式光纤测温传感器以实时测量温度场分布，解决了热点位置不确定性对测量的影响。Betta G.、Pietrosanto A. 等人提出了一种新颖的光纤温度传感器设计方案，以筛选过的参考液体替代一部分光纤覆层。由于参考液体的折射率和光纤覆层的不同，且折射率随温度变化，从而导致通过光纤的光功率变化，测量光功率的变化即可得到温度的变化规律。间接计算法是根据假设的变压器热模型，结合各国实践经验来估算变压器绕组的热点温度。国际电工委员会 IEC 60354《油浸变压器负载导则》标准和 GB/T 1094.7—2008《电力变压器　第 7 部分：油浸式电力变压器负载导则》中，给出了热点温升计算公式，是目前变压器绕组热点估算传统的经典方法。陈淑谨等人研制的变压器绕组热点在线监测装置就是根据这一原理制成的。芬兰 H.Nordman 等人对直接测量法的测量结果与间接计算法的计算结果进行比较后认为，“采用间接方法可以在保证一定精度的情况下确定热点的温升”。上述说法说明基于 GB/T 1094.7—2008 的间接计算法得出的热点温度值具有相当的准确性，同时也说明准确测量变压器油温的重要性。现在国内外已经把人工智能技术应用于变压器绕组热点的在线监测，如：陈津、高立桐等人研制了智能型变压器温度保护装置；西安交通大学的常炳国等人建立了基于模糊神经网络的热点状态综合判断模型；国外的 Galdi V.、Ippolito L.等人提出了利用径向基函数神经网络建立的过载时热点温度预测模型，能根据实际情况增减网络输入信号，灵活性与可靠性有较大提高。

4.2.3　其他监测与诊断技术

变压器监测方法和技术较多，除前面提到的监测技术外，还包括变压器油中微水监测、变压器油性能指标监测、变压器漏油监测、变压器铁心监测等。各种方法监测的重点有所不同，都有其优缺点。由于变压器故障机理的复杂性，诊断知识的模糊性以及存在的大量不确定因素，使得变压器故障诊断问题难以用准确的数学模型加以描述，也难以完全依靠确定性的判据诊断故障，因此在故障特征气体分析的基础上引入了模糊理论、人工智能和神经网络方法等各种新的理论与方法来解决变压器的故障诊断问题。神经网络由于其具有的自适应、自组织及极强的自学习功能，在变压器故障诊断中得到了成功的应用。此外，灰色系统理论、灰色聚类分析、决策树、节约覆盖集理论等方法也在变压器故障诊断领域有成功的应用。

一、基于神经网络的变压器状态监测

人工神经网络（ANN）已广泛地应用于众多的研究领域，如图像处理、语音识别、雷达目标识别、数据压缩、模式分类、特征提取、优化组合、故障诊断、预测控制等。神经网络在电力系统中也得到了广泛的研究，如基于神经网络的动态安全分析、自适应继电保护、负荷预测、网损计算、机组最优组合以及经济调度等。

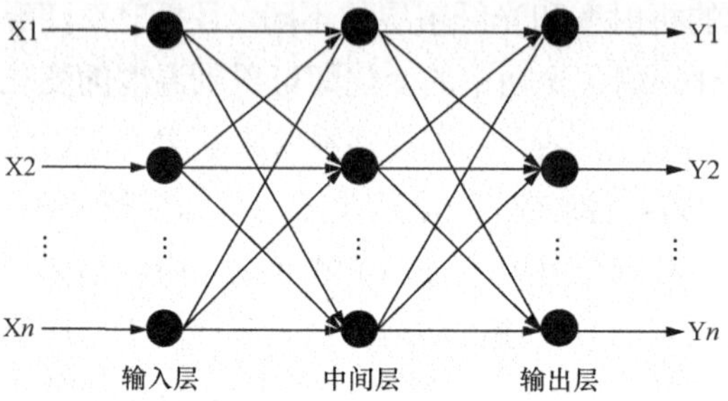

图 4-3　多层前馈型神经网络结构

研究表明，神经网络是一种理想的模式分类器，具有极强的自适应能力、自学习能力和容错能力以及极高的稳健性。图 4-3 所示是应用最普遍的多层前馈型神经网络的结构。该网络由多层组成，含有一个输入层、一个输出层和多个中间层（或隐含层），最常用的网络是只有一个隐含层的网络。网络的学习采用目前使用最广泛的误差反向传播法（Error Back Propagation）。网络学习一旦结束，对于新的输入，如测试样本，则只需前向计算就可得到相应的输出。

本节介绍一种基于神经网络的变压器状态监测方法，如图 4-4 所示。

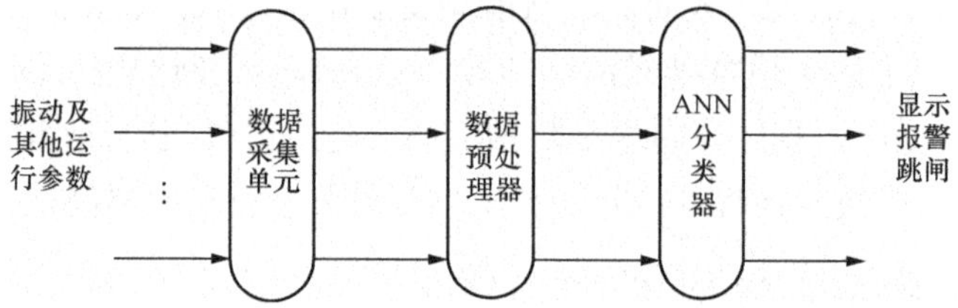

图 4-4　基于神经网络的变压器状态监测方法

（1）数据采集单元。对变压器铁心或绕组的振动信号，以及相关的一些其他参数，如环境温度、负荷电流、变压器内部温度等通过各种传感器进行数据采样，然后送给预处理单元进行特征提取。

（2）数据预处理器。其作用是：一方面对采集到的输入信号进行预分析和处理，如提取振动信号的谐波分量的幅值和相位等；另一方面将所有的采样结果和预分析结果变换成适合神经网络处理的输入格式，以便神经网络对其进行处理。

（3）神经网络（ANN）分类器。将预处理器的输出作为一种输入模式，经神经网络的非线性映射，对输入模式进行分类。分类的结果直接对应于变压器的各种工作状态，并将分类结果进行显示或送入其他相关系统，以供操作和维护人员参考。

在确认变压器状态开始劣化时，提出报警；当变压器状态劣化到一定程度时，可结合保护跳闸。

二、基于红外测温的变压器状态监测技术

电力变压器由于受环境温度变化、污秽覆盖、有害气体腐蚀、风雨雪雾等自然力的作用，再加上人为设计、施工不当等因素造成设备老化、损坏和接触不良，必将导致介质损耗、剩余电流和接触电阻的增大，从而引起相应的局部发热而使温度升高。若未能及时发现并阻止这些隐患的发展，将会因恶性循环而引发连接点熔焊、导线断裂，甚至设备爆炸起火等事故。处于电力变压器外壳内部的各种部件，如导电回路、绝缘介质和铁心等，发生故障时也会产生不同的热效应。红外在线故障诊断系统可检测变压器特定部位的温度，根据温度信号及其变化分析得到变压器的故障类型。利用红外技术能判别各种被测目标的温度高低和温度分布情况，为变压器故障类型的确定，估计故障源温度、功率与面积大小以及故障发展趋势、故障点定位提供了新的研究途径。

红外监测技术是通过测量高压设备的某部位温度来判定热故障，它的技术优势是实效性较强，可在一定距离内遥测，也可直观测定、显示温度的梯度图像。红外监测技术不受电磁场的干扰，用它检测绕组热点温度，其分辨率可高达 0.05℃，适于工作在–20～2000℃的温度范围内。

目前，电力系统应用的红外监测装置有红外测温器、热像仪等，这些装置均能接收并拍摄来自高压装置表面的红外线，然后再将温度分布转换成视频信号，通过高频放大电路可将信号放大后输送到监测器。由红外测温仪转换的变压器辐射功率信号能反映变压器温度及温度变化，从而得知变压器的状态。电力变压器正常运行时，其发热温升有较固定的规律，在故障发展和形成过程中绝大多数发热温升都与故障模式紧密相连，不同的故障模式导致的发热情形不同，从而温升也不同。

采用融结构、热、流体、电磁和声学于一体的大型通用多物理场的 ANSYS 软件，在充分掌握大型变压器机理的基础上，通过三维电磁场到三维温度场的典型多物理场耦合分析，物理模型及边界条件等的研究，建立变压器实时三维温度场可视化信息，研究变压器在线状态的可视化检测方法，对变压器监测与诊断理论的发展具有重要意义。

三、基于 GPRS 的变压器远程监测技术

随着计算机、网络技术的进步，变压器状态监测与故障诊断系统也朝着分布式网络化、远程监测与诊断的方向发展。1997 年 1 月，基于因特网的首届工业远程诊断研讨会由美国斯坦福大学和麻省理工学院联合主办，有 30 家公司和研究

机构参加了研讨会，并很快建立了一个限于合作者之间的远程诊断示范系统。另外，许多国际组织和公司也纷纷通过网络进行设备故障诊断咨询和技术推广工作，并制定了一些信息交换格式和标准。许多大公司在其产品中也加入了因特网功能，特别值得一提的是美国的 Navada Bently 公司所开发的 Datamanager 2000，这是一个完善而先进的系统，该系统可以通过网络动态数据交换（Net DDE）的方式向远程终端发送设备运行状态信息。National Instruments 公司在其虚拟仪器产品中增加了与因特网连接的接口，可以通过 WWW、Email、FTP 方式发送测试信息，实现了远程的设备状态监测与诊断。在国内变压器的远程监测与诊断的应用研究目前还刚开始，如：西南交通大学的童晓阳等人提出了用 Web 技术来实现变压器的故障诊断系统；山东电力研究院辜超等人开发了基于 Internet 的远程变压器专家系统软件；清华大学的何航卫等人通过在现有的系统基础上加入网络通信组件来实现远程诊断。

GPRS 是在现有的 GSM（Global System for Mobile）网络基础上发展起来的一种新的分组交换系统，其最根本性的革新是在数据的传输上突破了 GSM 网络只能提供电路交换的思维方式。理论上，GPRS 给用户提供高达 17112kbit/s 的带宽，保证大容量数据的传输。因此 GPRS 特别适合于间接的、突发的或频繁的、少量的数据传输，同时也适合于偶尔的大数据传输。“永远在线、快速登录、高速传输、按量收费”是 GPRS 数据传输的几个突出优点。基于 GPRS 的应用研究还刚刚起步，目前的研究比较集中在油井监控、车辆监控、污水监测系统等方面，对变压器参数监测少有研究。对变压器具有分布广、少人值班或无人值班的工作特点，因此，构建 GPRS 传输模式下的远程网络化监诊平台有广阔应用前景。

4.3 高压断路器在线监测及故障诊断方法

4.3.1 高压断路器在线监测的意义及主要内容

高压断路器作为变电站中重要性仅次于变压器的高压开关设备，在电力系统中起到保护和控制作用，它的可靠性直接影响整个电网的安全运行。随着变电站综合自动化水平（无人值守）的提高，对高压断路器的可靠性提出了更高的要求。在供配电系统中，高压断路器的使用数量多、检修量大、费用高，而且高压断路器造成的非计划停电事故是很多的，它所造成的间接损失远大于设备本身的费用，故必须加强对断路器的状态监测。

高压断路器实施实时在线监测，可以及时了解其运行状况，掌握其运行特性及变化趋势，以便尽早发现潜在故障，及时采取预防措施或进行维修，保障系统可靠运行。实施高压断路器在线监测减少了过早或不必要的检修，降低了维修费用，提高了检修的针对性；其次，提高了开关设备本身的使用寿命，显著提高电力系统的可靠性；再者，高压断路器在线监测技术为设备的状态检修机制提供了依据，为实现从计划检修到状态检修的转变创造了有利条件，具有重大意义。

由于控制、保护对象以及设计原理的不同，断路器可分为油断路器（多油和少油）、SF_6 断路器、真空断路器、压缩空气断路器等。国内使用较多的是少油断路器、真空断路器和 SF_6 断路器。目前，真空和 SF_6 断路器是主要的发展方向。虽然断路器本身的成本较其他设备如发电机、变压器要低很多，但是一旦发生事故，造成的损失却比断路器本身的价值大得多，因此要十分重视其工作的可靠性。1991 年国际大电网协会（GIGRE）统计的高压断路器障碍数据中，SF_6 本体气体泄漏占 38.3%，操动机构渗油、漏气约占 30%，功能特性改变占 17%，其他约占 15%。我国的开关设备 2/3 左右的事故是由于操动机构故障造成的，而操动机构液压油、空气泄漏和本体 SF_6 气体泄漏是绝大多数故障的原因。所以，SF_6 断路器的机械性能在线监测和 SF_6 气体综合在线监测是重点，两者引起的故障占 70%左右，在此基础上可以根据实际需求增加电气寿命监测、绝缘监测等功能模块，完善整个在线监测系统的功能。

4.3.2　断路器机械性能的监测

研究表明，70%～80%的断路器故障是由机械故障引起的，且大部分是由于操动机构的原因，如拒分、拒合等。目前，国内多是在设备交接或停电期间，利用便携式设备进行定期预防性试验，根据检测结果进行维修。这种离线检测方式可能造成某些设备超危险运行而未得到及时维修，还造成一些使用率较低设备的过度检修。断路器的可靠性很大程度上取决于机械操动状态的可靠性，为了进一步了解断路器的工作状况，必须加强对其机械特性的在线监测。根据目前掌握的技术水平，综合考虑工程可实现性和技术经济指标，确定高压断路器在线监测系统的在线监测项目有高压断路器的行程—时间特性、振动信号、分（合）闸线圈电流。

一、断路器行程特性的监测

随着计算机及电子技术的发展，现在可以记录断路器每次动作时动触头的行程—时间特性曲线，再结合其他参数，可以提取各种机械动作的参数，如计算动触头的分、合闸操作时间、动触头行程、动触头的刚分（合）速度及动触头运动的平均速度和最大速度与速度曲线等。一般说来，各种机械动作的参数都有其最佳的取值范围，如动触头的最大分、合闸速度不宜过大，否则会对机构的零部件造成很大的撞击，给缓冲器工作带来负担；若分、合闸速度过小，又会造成动触头不能可靠地进行分、合闸操作，使断路器失去保护和控制功能。因此对于断路器动触头的行程—时间曲线的监测是很重要的，是高压断路器状态监测的一项重要内容。

二、分、合闸线圈电流的监测

在每次分合闸过程中，断路器线圈电流是随时间变化的，变化波形中蕴藏着极为重要的信息。电磁铁线圈的电流波形中含有很多信息，反映电磁铁本身以及所控制的锁门或阀门以及联锁触头在操动过程中的工作情况，如铁心运动机构有无卡滞，脱扣、释能机械负载变动的情况，线圈的状态（如电阻是否正常），与铁心顶杆连接的锁门和阀门的状态。通过对分合闸操动线圈动作电流的监测，可以大致了解断路器二次控制回路的工作情况及机械操动机构状况等，为检修提供一个辅助判据。高压、超高压断路器大多配液压、弹簧、气动等操动机构，这类机构的分合闸脱扣电磁铁，在长期运行中常发生弯曲变形、锈涩或脏污粘滞使电磁铁动作不畅而导致断路器拒动，此类故障约占每年全国开关拒动、误动总事故率的 26.1%。而电磁铁铁心的动作状况，可以通过铁心运动与电流特性的关系反映出来，如果能记录分合闸脱扣电磁铁的电流波形，便可掌握铁心的动作状况，预先发现问题，对这类故障起到预防作用。分合闸操动线圈是控制断路器动作的关键元件，应用霍尔电流传感器可方便地监测多种信息的分合闸电流波形。分析每次操作监测到的波形变化，可以诊断出断路器机械故障的趋势，对发生概率最大、危害性也最大的拒动、误动故障的诊断尤为有效。

三、振动信号在线监测

国内外几乎所有针对断路器振动检测的研究都集中在对振动信号的分析和处理上。国外在这方面的工作开展较早，已有很多国家开展了相应的研究工作，如美国、挪威、澳大利亚、日本等，至今为止已经确定了一些较为实用的振动信号处理方法，并逐渐应用到实际的断路器状态检测系统中。A.Polycarpou 等人对油断路器和 SF_6 断路器的研究发现，不同的断路器状态下，振动信号的时域包络线会表现出一定的差异，并由此提出了一种基于振动信号包络分析的分析方法。在此方法的基础上，研制出一套便携式的断路器振动信号分析系统（PCPDS），已经在多台 115kV 及以上的油断路器和 SF_6 断路器上得到了成功的应用。该系统能正确识别出绝缘拉杆缩短、弹簧压缩过度、触头磨损以及缓冲器失效等几种机械故障。该方法的缺点是在确定正常状态下振动信号的平均包络之前需要积累大量的运行和试验数据，由于多次机械振动信号之间的分散性使得振动信号的平均包络 $A(t)$ 难以确定。另外，对故障类型的分辨也存在一定的困难。挪威电力研究院的研究人员采用加窗傅立叶变换的方法得到了断路器振动信号的时频表示，再结合动态时间归整（DTW）法，计算出测试状态与基准状态之间振动信号的动态时间距离，从而对断路器的状态进行判断。DTW 分析方法对振动波出现时间的变化有较高的灵敏度，能反映触头运动过程中机构零部件工作状态的一些变化（如润滑不良、曲柄卡滞、触头位置不正常等）。但是，这种方法对信号强度变化的反映较差，此外运算过程中需要的数据存储量近似与信号长度的平方成正比，对检测装置的要求很高。

国内起步较晚，20 世纪 90 年代才逐渐开展这方面的研究工作，目前实用化的产品还不多见。西安交通大学电力设备与电气绝缘国家重点实验室在最近几年也开展了利用振动信号分析对断路器进行机械状态检测的研究工作，研究对象主要是中压等级的真空断路器。在试验研究的基础上，提出了几种实用的振动信号处理方法，如欧氏距离法、积分参数法和信号熵法、短时能量法、小波—分形理论等，并成功识别出油缓冲器失效、止位垫片失效以及连接部件轴销脱落等常见的一些机械故障。哈尔滨工业大学的胡晓光等人在研究小波分析的基础上，提出了两种振动信号特征参量的提取方法用于断路器机械振动信号的分析：①通过离散小波变换计算断路器振动信号包络波峰的奇异性指数，并以此作为断路器状态识别的特征参量；②通过解析信号小波变换把振动信号划分成不同的频带来处理，提取不同尺度下信号的幅值、奇异点和瞬时频率等特征参量用于高压断路器的状态识别。

4.3.3 SF_6气体综合监测

SF_6 气体在 200℃以下就可发生水解反应，产生有毒和酸性物质，腐蚀金属电极。SF_6气体微水超标时，会在绝缘表面结露，击穿电压明显下降，降低绝缘性能。此外，气体密封程度的降低，将直接影响其性能的发挥，导致水分侵入，气压下降，甚至引起开断失败。因此，DL/T 596—1996《电力设备预防性试验规程》规定，在设备投运前和运行中都必须定期对 SF_6气体的密度和含水量进行检测。在线监测系统通过监测 SF_6气体运行的环境温度、气体压力值，利用 SF_6气体压力温度曲线将气压值换算到 20℃时的气压值，计算气体的泄漏是否符合要求。SF_6气体本身具有无毒、绝缘性能好等特点。但是，SF_6气体在高能因子作用下，会分解产生若干有毒成分，主要是 SF_4、SOF_4、SO_2、SO_2F_2、S_2F_{10}、SOF_{10}等，这些成分会造成设备的绝缘性能劣化、腐蚀金属设备，所以必须严格控制 SF_6气体中其他杂质的成分和数量。利用气相色谱分析 SF_6气体中各种有毒气体成分，可以判断 SF_6气体状态，保证断路器的安全运行。

4.3.4 断路器电气寿命的监测

断路器的电气寿命是断路器在线监测系统中的另一个重要参数。影响电气寿命的主要因素是触头的电磨损，而触头的电磨损又取决于开断电流（燃弧电流）和燃弧时间、灭弧室的结构以及触头的运动速度等。因此，通过监测开断电流、开断次数、燃弧时间等参数，可由数学算法分析累计触头磨损量，评估触头电气寿命，预测触头的剩余寿命。目前，电气寿命计算方法有 5 种，即累计开断电流、累计 I^2t、累计开断电流加权值、计及燃弧时间的 I^2t 加权评估法以及相对电气磨损与相对电气寿命法。

一、累计开断电流

$$Q=\sum_{i=1}^{N}I_i \tag{4-1}$$

式中 Q——触头的电磨损量；

N——断路器开断次数；

I_i——第 i 次开断电流的有效值。

相同条件下的先后两次同样电流值，触头烧损程度可能相差很大，所以该计算方法比较粗略，灵敏度不高。但是，由于只需测量开断电流的有效值，所以在断路器在线监测初期得到广泛应用。

二、累计 I^2t 算法

$$Q=\sum_{i=1}^{N}I_i^2t_i \tag{4-2}$$

这种算法计算简单，只需测得燃弧时间和开断电流即可，但是燃弧时间的测量难度较大，经常是采用开断电流来替代燃弧时间，有一定缺陷。

三、累计开断电流加权值

$$Q=\sum_{i=1}^{N}I_i^a \tag{4-3}$$

其中 $0<a$（加权系数）<2，表征每次开断的触头电磨损量。这种方法比较简单，而且考虑了触头材料、灭弧介质等因素对断路器电磨损的影响，目前在国内得到广泛应用。但是这种方法只能间接求出断路器的电磨损，而且加权系数 a 要根据断路器的开断电流和开断次数关系曲线求取，相对较麻烦。

四、计及燃弧时间的 I^2t 加权评估法

$$Q=K\sum_{i=1}^{N}\int_0^{t_a}i_{bi}^{\beta}\mathrm{d}t \tag{4-4}$$

式中 K——常数，与灭弧介质、冷却条件、触头运动速度、触头材料等有关；

β——常数，与触头材料等有关，一般介于 1～2 之间；

i_{bi}——开断电流；

t_a——燃弧时间。

这种方法考虑到燃弧时间的影响，可分别计算出三相单次开断电流的电磨损，相对 I^2t 的算法，可以更准确地判断断路器的电寿命。但是这种方法同样需要测量燃弧时间，在应用中比较麻烦。

五、相对电磨损与相对电气寿命法

$$Q_m = \frac{1}{N_1} \tag{4-5}$$

$$L = L_1 - \sum Q_m \tag{4-6}$$

式中 Q_m——断路器的单次开断磨损量；

N_1——断路器允许的开断次数；

L_1——断路器电寿命的初始值，是一个不大于 1 的百分数，其值由断路器的运行历史决定，新投运或经过大修后的断路器的 L_1 可取 1；

L——断路器相对电寿命。

对于多次开断，触头平均燃弧时间是趋近的，因此在开断次数较多时，可以认为开断相同电流时，每次开断的电磨损是一样的，此时只需考虑开断电流对电气寿命的影响，通过计算每次开断电流时的相对电磨损量来考核触头的电气寿命。

以上几种方法只有计及燃弧时间加权评估法是直接计算出触头的电磨损，其他方法都是间接表征磨损量。相对电磨损与相对电气寿命法可以对不同断路器的电气寿命进行评估，也能够较准确地表征电磨损量。在目前无法找到更为准确的电气寿命折算方法的情况下，相对来说，这两种算法能够更准确地计算出触头的磨损量，实际应用中采用得也比较多。

4.3.5 断路器绝缘状况的监测

绝缘在线监测是在断路器运行状态中，监测其绝缘的各种特征参数，通过这些参数，有效地反映绝缘的实际情况，作出比较准确的判断。对于常用断路器，相间距离足够大，一般不会发生绝缘击穿，主要是考虑相对地的绝缘情况。表征断路器绝缘特性的参数主要有介质损耗、局部放电和泄漏电流，大部分在线监测系统是监测泄漏电流量。断路器绝缘故障主要表现为外绝缘污秽闪络故障，因此需要通过泄漏电流的在线监测来判断断路器的绝缘支架和拉杆等对地的绝缘情况。一般泄漏电流很小，为几微安或几十微安，所以要选择合适的电流互感器才能对信号进行准确的识别。

4.3.6 目前存在的问题

随着我国电力事业的不断发展，状态检修机制成为一个必然的趋势，而在线监测作为状态检修机制的关键技术，也得到越来越多的关注。目前，便携式设备的产品厂家相对较多，技术也比较成熟，但是在线监测的产品相对较少，使用规模有限。该类产品的市场发展具有如下特点：

（1）断路器在线监测真正投入使用少，主要是采用便携式设备到现场做试验。目前，便携式设备的产品生产厂家相对较多，技术也比较成熟，但是在线监测的厂家相对较少，规模有限，产品不具备统一的技术标准，未经过严格的检验和标准考核，要开发一套通用性的在线监测系统比较难。

（2）产品功能单一。目前的产品多是做成单一的机械寿命和电气寿命的监测，或者是 SF_6 气体监测，系统功能相对简单，还没有比较成型、完善的产品应用在各种类型的断路器在线监测系统中。

（3）在线监测的重点是传感器的使用和故障信息的处理技术。国内的设备在传感器的使用上还比较落后，相对的产品水平较低。故障信息的提取、分类，传感器的安装也存在一定的困难。

（4）在线监测产品运行的环境条件非常恶劣，抗干扰问题也是一个难点。

（5）国内部分断路器在线监测系统是厂家与电力公司的合作项目，该类设备市场推广方面存在难度。就当前的发展状况来看，一些220kV及500kV的主网断路器很有必要使用该类设备。国内大部分变电站的电气设备仍按照规程DL/T 596—1996的要求定期进行预防性试验。DL/T 596—1996中严格要求了断路器油和 SF_6 气体的试验项目和周期，试验项目较多，需要停电检测的时间也相对较长，影响了用户的正常用电；而且，预防性试验施加的试验电压相对较低，和实际运行情况差别较大，难以反映断路器运行过程的真实情况。如果在线监测系统能够完成机械性能、二次回路完整性、SF_6 气体压力和密度监测，实现故障记录等功能，这就可以相应减少甚至取消一些停电检测试验，缩短了停电时间，有利于电网正常持续运行。SF_6 断路器将是220kV及其以上电压等级断路器的主体，而且使用数量逐年上升，相对其在线监测产品市场容量也在扩大。虽然该类设备在安装、调试、设备可靠性等方面还存在很多问题，不过这些问题都是可以通过技术方面改善或解决的。

第 5 章

智能馈线自动化技术

5.1 馈线自动化技术现状

5.1.1 馈线自动化的定义

电力系统分为发、输、变、配、用等环节。其中配电网作为末端直接和用户相连，广大居民用户感受到的供电质量、供电可靠性等均由配电网体现出来。据统计，全国发电量的 85%是通过配电网输送给用户的。配电自动化的实现是今后电网发展的必然方向，只有实现配电自动化才能满足用户对供电可靠性的要求。配电系统自动化，就是利用现代电子、计算机、通信及网络技术，将配电网在线数据及离线数据和用户数据、电网结构和地理图形进行信息集成，构成完整的自动化系统，实现配电网及其设备正常运行及事故状态下的监测、保护、控制、用电和配电管理的现代化。配电自动化包括变电站自动化和馈线自动化。

馈线自动化（FA），是指变电站出口到用户用电设备之间的馈电线路自动化，主要实现正常运行情况下的状态检测、数据测量和运行优化，故障情况下的故障诊断、故障隔离、供电恢复等，主要控制对象是中压配电网。馈线自动化是配电自动化的核心之一，而馈线自动化的核心是故障诊断、故障隔离以及非故障区域的供电恢复。

5.1.2 馈线自动化的实现条件

我国配电网网架普遍比较薄弱，缺乏整体规划，绝大多数线路都是树状网，主干线截面偏小，且多为架空线供电，供电半径大，导致损耗严重、电能质量差；配电网普遍都是单电源，而且线路几乎不分段，当出现故障时，导致停电面积扩大；加之配电设备普遍陈旧，大多不可遥控，配电网运行监控设备少，信息搜集量少，故障处理自动化水平低，故障定位、恢复供电时间长，供电可靠性较差。经过几年的城乡电网改造，网架结构得到大大改善，部分城区中压配电网的重要区段实现了环网供电，线路进行了必要的分段，为实现馈线自动化打下了基础。

要实现馈线自动化，配电网须满足以下条件：

（1）在配电网络结构方面。配电网馈线自动化要求配电网络实现手拉手环网供电，电源布点合理，10kV 主干网架已形成并具备连接条件，具备环网供电开环运行的条件。对于地下配电，采用环网开关柜构成开环运行的网络结构。

（2）开关和自动化设备方面。馈线开关必须动作可靠，运行稳定。对于馈线终端单元（Feeder Terminal Unit，FTU），不仅要求其能采集线路正常电流，具有远方操作功能，而且能检测和识别故障电流。为适应户外恶劣的运行环境，FTU 必须具有完善的不间断电源系统，在线路失电情况下也能正常工作。

（3）通信方面。须建立可靠的配网自动化通信网。由于配电网测点多、覆盖面广，配网通信方式的选择应根据实际情况综合考虑，通常采用多种组合方式。

5.1.3 现有的馈线自动化技术

综合目前国内外的故障定位和配电网自动化建设模式，馈线自动化技术大致可分为集中式馈线自动化、就地式馈线自动化和故障定位技术。

集中式馈线自动化是指配电主站（子站）与配电自动化终端相互配合，实现配电线路的故障定位、故障隔离和恢复非故障区域供电。这种控制模式由变电站出线断路器、各柱上负荷开关、FTU、通信、配调中心站组成。每个开关或环网柜的 FTU 要与配调中心站通信，故障隔离操作由馈线自动化主站以遥控方式进行集中控制。在线路发生永久性故障时，故障线的变电站出线断路器保护动作，重合一次不成功，配调中心站计算机通过 Polling 方式查询故障线路上各个 FTU 的状况及信息，配调中心站故障检测软件根据对各处的故障信息的分析，识别故障区段，配调中心站发出一系列遥控命令，进行最合理的网络拓扑调整，完成故障隔离，把故障对网络的影响限制在最低的范围，最终实现对非故障负荷的恢复供电。该控制模式由于采用先进的计算机技术和通信技术，可避免馈线出线开关多次重合，能准确快速定位和隔离故障，且隔离故障的时间不受线路距离、线路分段段数的影响。而且，由于是基于广域信息，实施集中控制，因此有可能按照最优经济方案实现恢复供电。此外，正常情况可以实现数据采集与监控（SCADA）功能，实时监视馈线运行工况，具备四遥功能（遥信、遥测、遥控、遥调），满足正常操作的需要。该控制模式的主要问题是，对通信可靠性的依赖性过强，通信系统性能的优劣将直接影响馈线自动化的功能。这是需要注意克服的一个问题。

就地式馈线自动化指不依赖配电自动化主站，由配电终端或现场自动化装置协同实现故障定位、故障隔离和恢复非故障区域供电，具体可采用智能分布式和重合器两种方式。

（1）智能分布式。在重合器方式就地馈线自动化的基础上，增加局部光纤通信，使得环网内的各智能终端互相交互信息，通过故障处理逻辑控制相应的断路器动作，实现故障隔离和非故障区域恢复供电，可根据需要将故障处理的结果上报给配电主站，配电主站和子站不参与处理过程。根据通信方式的不同，一般可分为主从智能分布式和对等智能分布式两种。智能分布式在线路中一般配置全断路器模式，实现在故障后毫秒级的时间内直接跳开离故障点最近的两侧开关，变电站出线开关不需要跳闸，同时联络开关自动合闸转供；在馈线自动化改造工程中，也可以配置负荷开关，实现在故障后分钟级的时间内跳开离故障点最近的两侧开关，变电站出线开关需要重合闸一次。

（2）重合器方式。当线路故障发生时，通过线路自动化开关间的逻辑配合，利用重合器和分段器实现线路故障的就地识别、隔离和非故障线路恢复供电，整个过程无需通信及配电主站、配电子站的参与。重合器方式又分为传统重合器方式和新型重合器方式两种。在传统方式中，重合器和分段器大多是只以线路电压或电流状态之一作为故障判断的依据，而新型重合器方式一般利用电流和电压两个信号作为故障的判据，故又称为 $U—I—t$ 型方式。重合器方式在具备通信条件时，通过配置智能控制器，可升级为智能分布式方式。

5.2　就地型馈线自动化

5.2.1　实现原理

一、智能分布式就地型馈线自动化

智能分布式馈线自动化利用局部通信技术，故障时上下级联的多级开关互相通信，根据级联关系，在感受到故障电流的开关中进行“仲裁”，让离故障点最近的开关速断跳闸，其余开关转为后备。“仲裁”是基于各保护的“启动状态”，因此只需要简单的数字通信，对纵向级联的各保护的“启动状态”进行逻辑比较。

智能分布式馈线自动化保护监测的范围由一个点扩大到相联开关甚至串联的一组开关，则上下级保护的配合可以理解为保护的内部协调。不同地点的模拟量在当地检测完成，只是将检测结果的数据信息、保护判别结果的状态信息、开关状态

信息等通过网络由不同保护进行共享，以达到不同地点保护之间协调和配合，实现保护的快速性和选择性的统一。主要适用于已具备光纤等高速通信通道且希望故障在最小范围、最短时间内被切除的场合。即使在光纤网络通信失效的情况下，该环网中的设备也会自动转为重合器方式工作，从而保证故障处理的功能不会丧失。

采用智能分布式的控制方式，充分发挥智能分布式的实时性和可靠性，尽快完成故障隔离，恢复非故障区域供电，减少停电时间和范围，并且在具备了配电SCADA的条件下，调度员可以监视和控制故障的处理过程。当通信网络或后台系统发生故障而不能正常运行时，也不会影响到智能分布式的控制系统及时完成故障处理和非故障段恢复供电的功能。

二、重合器方式的就地式馈线自动化

重合器方式的就地式馈线自动化方案可实现快速故障自动定位、故障区段隔离、非故障区段自动转供电。该方案将环网结构开环运行的配电网线路通过分段开关把供电线路分成各个供电区域，当某一区域发生故障时，及时将分割该区域的开关跳开，隔离故障区段。随后，将因线路发生故障而失电的非故障区域迅速恢复供电，从而避免了因线路出现故障而导致整条线路连续失电，大大减小了停电范围，提高了供电可靠性。

这一方案普遍适用于目前国内各种不同的供电网架结构和接线方式，比如架空线三分段三联络、架空线“2-1”、电缆网单环网群、电缆网“*N*供一备”等接线方式。下面以架空线“2-1”接线馈线自动化方案为典型方案为例，详细描述馈线自动化方案快速查找故障点、故障区段隔离和非故障区段自动转供电的功能，其他线路方式和接线方式以此方案为基础，进行扩展和延续。

5.2.2 架空线“2-1”接线馈线自动化方案

一、全负荷开关方案

（1）方案如图5-1所示。其中，QF1、QF2为变电站出口断路器；QL1～QL5为主干线路负荷开关，QL6～QL7为分支线路负荷开关；每台负荷开关（QL1～QL7）都配有智能控制器一台；所有主干线负荷开关两侧配置单相TV，所有分支线路负荷开关电源侧配一只单相TV；如果需要对接地进行故障检测和隔离，只需将每台负荷开关所配置TV中的一台更换为带有零序圈的三相TV即可。其中负荷开关QL3为联络开关，由于智能控制器具备自动识别联络开关的能力，可将中间3台中的任意一台开关作为联络开关，满足不同的系统运行方式要求。

（2）方案实现过程。线路故障示意图如图5-2所示。

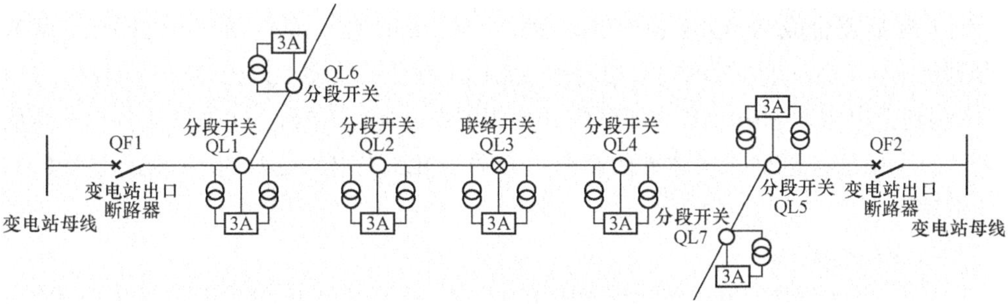

图 5-1　架空线“2-1”接线全负荷开关方案

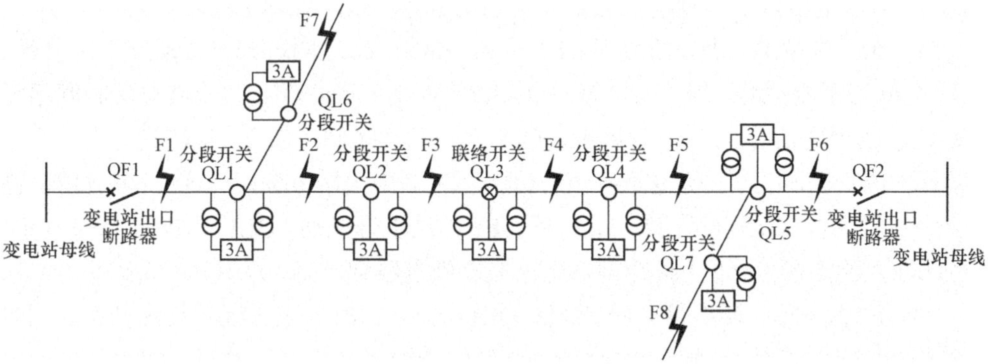

图 5-2　架空线“2-1”接线线路故障示意图

1）F1 故障点。

a．瞬时性故障。出口断路器 QF1 速断保护动作跳闸，QL1、QL2 同时失电压延时 0.5s 分闸，QF1 1.5s 后重合成功，QL1、QL2 得电分别延时 20s 和 2s 合闸成功，QL3 因为失电压延时未到，失电压合闸功能返回，故障处理结束。

b．永久性故障。出口断路器 QF1 跳闸，QL1、QL2 同时失电压延时 0.5s 分闸，QF1 1.5s 后重合，合到故障断路器再次跳闸，QL1 检测到残压，启动闭锁得电合闸功能；联络开关 QL3 单侧失电压延时 30s 后合闸，QL2 得电延时 2s 合闸，自动转供电结束。

2）F2 故障点。

a．瞬时性故障。出口断路器 QF1 跳闸，QL1、QL2 同时失电压延时 0.5s 分闸，QF1 1.5s 后重合成功，QL1、QL2 分别得电延时 20s 和 2s 合闸成功，QL3 因为失电压延时未到，失电压合闸功能返回，故障处理结束。

b．永久性故障。出口断路器 QF1 跳闸，QL1、QL2 同时失电压延时 0.5s 分闸，

QF1 1.5s 后重合成功，QL1 得电延时 20s 合闸（此时 QF1 重合闸充电时间已完成），合到故障上，QF1 保护动作再次跳闸，QL1 因为合到故障上，在 QF1 跳闸后，QL1（检测到无电压、无电流）立即分闸并闭锁得电合闸，1.5s 后 QF1 开关再次重合成功，QL2 由于检测到残压脉冲闭锁得电合闸，QL3 失电压延时 30s 合闸，自动转供电结束。

3）F3 故障点。

a. 瞬时性故障。出口断路器 QF1 跳闸，QL1、QL2 同时失电压延时 0.5s 分闸，QF1 1.5s 后重合成功，QL1 得电延时 20s 合闸成功，QL2 得电延时 2s 合闸成功，QL3 因为失电压延时未到，失电压合闸功能返回，故障处理结束。

b. 永久性故障。出口断路器 QF1 跳闸，QL1、QL2 同时失电压延时 0.5s 分闸，QF1 1.5s 后重合成功，QL1 得电延时 20s 合闸成功（此时 QF1 重合闸充电时间已完成），QL2 得电延时 2s 合到故障上，QF1 保护动作跳闸，QL2（检测到无电压、无电流）立即分闸并启动得电闭锁合闸功能，QL1 失电压 0.5s 后分闸，QL3 由于检测到残压脉冲，启动合闸闭锁，1.5s 后 QF1 再次重合成功，QL1 得电 2s 合闸，QL2 因启动了闭锁得电功能不再合闸，自动恢复供电结束。

4）F7 故障点。断路器 QF1 跳闸，QL1、QL2 同时失电压延时 0.5s 分闸，同时分支开关检测到过电流脉冲 1 次分闸并闭锁，QF1 1.5s 后重合成功，QL1 得电延时 20s 合闸成功，QL2 得电延时 2s 合闸成功，QL3 因为失电压延时未到，失电压合闸功能返回，自动转供电结束。

二、全断路器方案

（1）方案如图 5-3 所示。

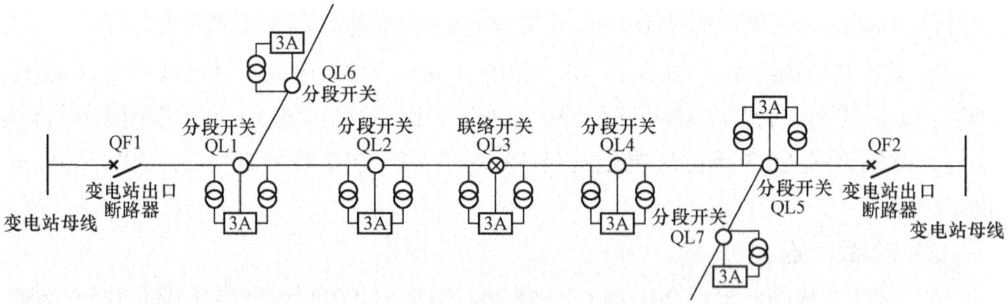

图 5-3　架空线“2-1”接线全断路器方案

（2）方案实现过程。线路故障示意如图 5-4 所示。

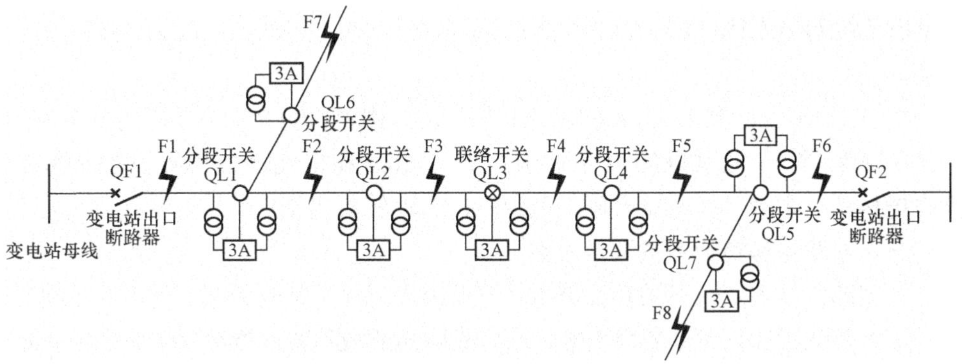

图 5-4　架空线“2-1”接线线路故障示意

1）F1 故障点。

a．瞬时性故障。出口断路器 QF1 过电流保护动作跳闸，QL1、QL2 同时失电压延时 0.5s 分闸，QF1 1.5s 后重合成功，QL1、QL2 得电延时 2s 合闸成功，QL3 因为失电压延时未到，失电压合闸功能返回，故障处理结束。

b．永久性故障。出口断路器 QF1 限时速断保护动作跳闸，QL1、QL2 同时失电压延时 0.5s 分闸，QF1 1.5s 后重合，合到故障上，开关后加速保护动作再次跳闸，QL1 检测到残压，启动闭锁得电合闸功能；联络开关 QL3 单侧失电压延时 20s 后合闸，QL2 得电延时 2s 合闸，自动转供电结束。

2）F2 故障点。

a．瞬时性故障。QL1 速断保护动作跳闸，QL2 失电压延时 0.5s 分闸，QL1 1.5s 后重合成功，QL2 得电延时 2s 后合闸成功，QL3 因为失电压延时未到，失电压合闸功能返回，故障处理结束。

b．永久性故障。QL1 速断保护动作跳闸，QL2 失电压延时 0.5s 分闸，QL1 1.5s 后重合，合到故障上，QL1 保护动作再次跳闸，QL1 因为合到故障上，分闸后闭锁再次合闸，QL2 由于检测到残压脉冲闭锁得电合闸，QL3 失电压延时 20s 合闸，自动转供电结束。

3）F3 故障点。

a．瞬时性故障。QL1 速断保护动作跳闸，QL2 失电压延时 0.5s 分闸，QL1 1.5s 后重合成功，QL2 得电延时 2s 合闸成功，QL3 因为失电压延时未到，失电压合闸功能返回，故障处理结束。

b．永久性故障。QL1 速断保护动作跳闸，QL2 失电压延时 0.5s 分闸，QL1 1.5s 后重合成功后短时闭锁保护，QL2 得电延时 2s 合到故障上，QL2 后加速保护动作跳闸并闭锁得电合闸功能，QL3 由于检测到残压脉冲，启动合闸闭锁，自动转供电结束。

4）F7 故障点。QL1、QL6 同时速断保护动作跳闸，QL2 失电压延时 0.5s 分闸，QL1 1.5s 后重合，重合成功并短时闭锁保护，QL2 得电延时 2s 合闸成功，QL3 因为失电压延时未到，失电压合闸功能返回，自动转供电结束。

三、断路器和负荷开关配合方案

根据断路器和负荷开关功能特点，可以选择两种类型开关混合使用，通过断路器的速断保护功能，可以减少变电站出口断路器的故障跳闸次数，减少设备受冲击次数和影响范围，并合理控制总造价。

5.3 故障快速定位系统技术

5.3.1 工作原理

故障快速定位系统是基于故障指示器技术、GSM 通信技术和 GIS 技术的一套自动高效的故障点检测及定位系统，主要用于配电系统各种故障点的检测和定位，包括相间短路和单相接地故障。它适用于 10kV 配电系统，尤其是一些不带开关或原为手动开关不准备（或暂不适合）改造为电动开关的架空线分支处和环网柜、开闭所、配电房等的进出线。配电控制中心的故障定位软件系统与大量现场的故障检测和指示装置相配合，在故障发生后的几分钟（与当地基站转发短消息的延时有关）内即可在控制中心通过与地理信息系统的结合，给出故障位置和故障时间的指示信息，帮助维修人员迅速赶赴现场，排除故障，恢复正常供电，提高供电可靠性，同时大大减少故障巡线人员，提高工作效率。

配电网故障自动定位系统包括故障检测探头、通信系统和工作后台。探头是指带动作信号远传的故障指示器，通信方式主要有无线（架空、电缆系统）、光纤（电缆系统）两种方式，解决了高压绝缘问题。故障检测探头能检测架空裸线、架空绝缘线、电缆线路的短路故障和单相接地故障。按照使用场合不同，使用不同型号的指示器。

故障探头（FI）安装在各线路分支处的分支线上，系统出现短路或接地故障时，FI 检测到短路故障电流，指示器动作，通过短距离通信系统，将动作信号传送给相隔 2～10m 的通信终端。

对于架空系统，通过无线系统将检测结果发送给通信终端。通信终端安装在线路的分支处，可以接收 6 只 FI（分别安装在两个分支的 6 相线路上）发送过来的动作信息。

对于电缆系统，除了短路故障指示器（它只检测短路故障）外，还要安装检测接地信号电流的零序 TA，它们都通过塑料光纤与面板型指示器相连。面板型指示器可以给出就地的 LED 发光指示，还可以通过电子开关触点输出与通信终端连接。

通信终端在收到动作信息后，将动作分支的 FI 地址信息通过 GSM（或 GPRS）通信系统发给后台系统，后台系统将故障信息以短信方式通知有关人员，并与地理信息系统相结合，可以直接显示出故障点地理位置信息，并在地理背景上显示出来，还可以打印出地理位置信息。运行维修人员可以直接到故障点排除故障。

基于架空线路的故障定位系统如图 5-5 所示。

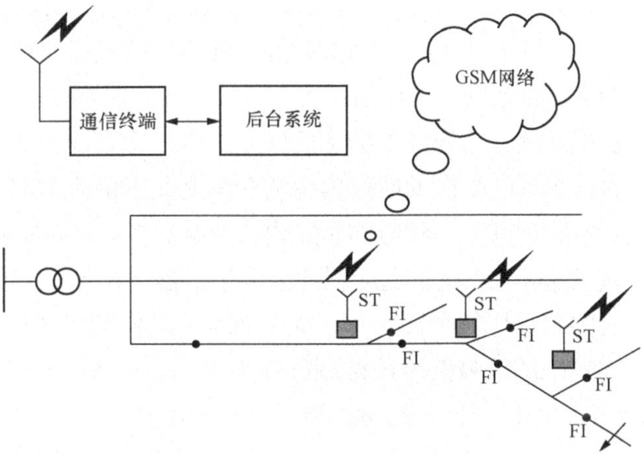

图 5-5 基于架空线路的故障定位系统

5.3.2 故障指示器故障检测方法

作为故障定位系统的最核心部分，故障指示器动作的准确性是非常重要的，尤其是对接地故障的检测。

一、相间短路故障检测

自适应型的故障指示器动作判据原理是根据配电线路故障时，线路电流一般会有如下变化规律：

（1）从运行电流突增到故障电流，即有一个正的 ΔI 变化。

（2）上级断路器的电流保护装置会驱动断路器跳闸或熔断器的熔丝熔断，其故障电流维持时间是断路器的故障电流清除时间（=保护装置动作时间+断路器动作时间+故障电流息弧时间），或熔断器的熔断及燃弧时间。

（3）线路停电，电流和电压下降为零。

根据这个特征，自适应型短路故障指示器的短路故障检测判据可概括为：

$$\Delta I_{\mathrm{f}} > I_{\mathrm{set}}$$

$$T_1 < \Delta T < T_2$$

$$I_{\mathrm{H}} = 0 \text{、} U_{\mathrm{H}} = 0$$

式中 ΔI_{f}——故障电流分量，或电流变化量；

I_{set}——内部缺省值，不同型号的指示器根据使用场合的不同会略有差别；

ΔT——故障持续时间；

T_1、T_2——内部缺省值，由配电系统的保护、开关性能等决定，T_1 为故障可能切除的最快时间，T_2 为故障被清除所需的最大可能时间；

I_{H}、U_{H}——故障后的电流和电压值。

上述判据可以描述为：当线路上的电流突然发生一个正的突变，且其变化量大于一个设定值，然后在一个很短的时间内电流和电压又下降为零，则判定这个线路电流为故障电流。显然它只与故障时的短路电流分量有关，而与正常工作时线路电流的大小没有直接关系，因此是自适应型的故障指示器一种能适应负荷电流变化的故障检测装置。它的判据比较全面，可以大大减少误动作的可能性。

二、不同接地系统的故障指示器检测原理

（一）中性点不接地或中性点经消弧线圈接地系统

目前配电网大部分采用的是中性点不直接接地系统，这类系统发生单相接地故障时，因故障电流较小、故障特征复杂，使得故障点的查找非常困难。本指示器采用信号注入法的故障检测技术，其工作原理如图 5-6 所示。按照小电流接地系统单相接地故障的特点，通过检测注入的信号的特征来实现故障选线和故障点定位。当线路上任何一点发生单相接地故障时，装在变电站内的信号源检测到故障信息后，首先判断出故障相，然后对故障相施加特定信号，安装在架空线路上的探头检测流过本线路的特定信号，若满足故障特征则探头启动，给出红色显示，同时发出一无线编码信息。在电缆线路，安装的特殊零序 TA 可以检测到这个特别的信号电流，驱动面板型故障指示器显示，同时驱动电子开关动作。

对于经消弧线圈接地的配电网系统，单相接地信号源的一次侧接到曲折形接地变压器形成的中心点上，通过单相隔离开关，单相高压真空接触器接阻尼电阻器，然后经过阻尼电阻接地。其一次接线如图 5-7 所示。

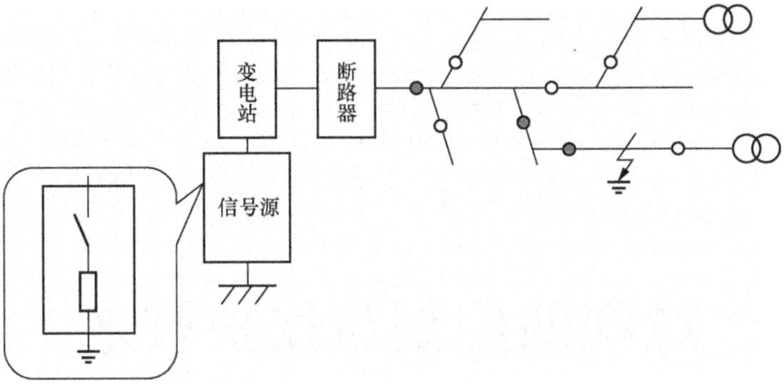

图 5-6　故障指示器工作原理

●—故障指示；○—正常指示

对于中性点不接地的系统，单相接地信号源的一次接线通过高压熔丝接到母线（出线），通过三相跌落式熔断器和三相高压真空接触器接阻尼电阻器，然后经过阻尼电阻接地。其一次接线如图 5-8 所示。

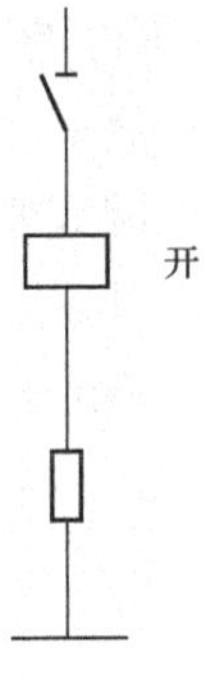

图 5-7　经消弧线圈接地信号源一次接线

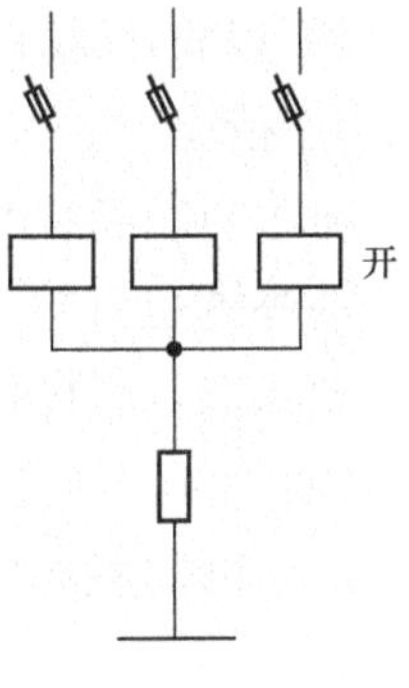

图 5-8　中性点不接地系统信号源一次接线

（二）中性点经小电阻接地系统

中性点经小电阻接地系统在线路发生接地故障时，由于接地电阻很小，因此会产生较大的零序电流，线路零序保护启动，线路跳闸。因此小电阻接地系统故障检测可采用零序电流法或电流突变法。

对于电缆线路可采用零序 TA 检测零序电流值，当超过设定值时判断为接地故障。对于架空线路无法安装零序 TA，可采用电流突变法，综合检测线路电流突变及跳闸失电等故障特征，判断接地故障。

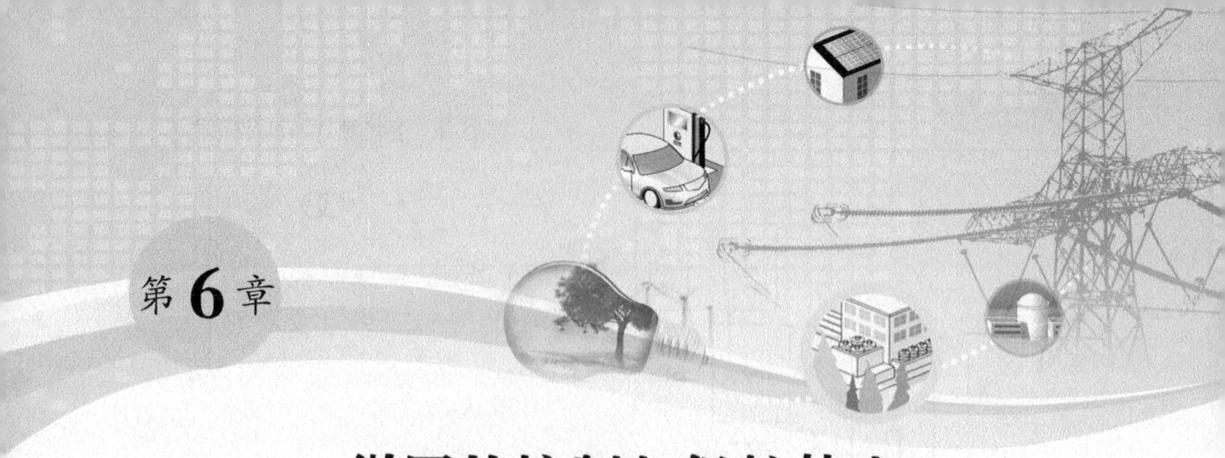

第6章 微网的控制与保护技术

6.1 微网研究现状及关键技术

6.1.1 微网的概况

一、微网产生的背景

进入21世纪以来，随着世界经济的快速发展，世界范围内能源供应持续紧张，合理开发、使用高效清洁的绿色能源已成为解决未来能源问题的主要出路。就我国的国情来看，随着国民经济的发展，电力需求迅速增长，电网规模不断扩大，超大规模电力系统的弊端也日益凸现，成本高，运行难度大，难以适应用户越来越高的安全和可靠性要求以及多样化的供电需求。尤其近年来世界范围内接连发生了几次大面积停电事故，2008 年年初中国南方冰灾及汶川震灾期间，中国电网都发生了大面积的停电，电网的脆弱性充分暴露了出来。

分布式发电可以提供传统的电力系统无可比拟的可靠性和经济性，具有污染少、可靠性高、能源利用效率高的优点，同时分布式电源位置灵活、分散的特点极好地适应了分散电力需求和资源分布，延缓了输、配电网升级换代所需的巨额投资，它与大电网互为备用也使供电可靠性得以改善。欧美等发达国家已开始广泛研究能源多样化的、高效和经济的分布式发电系统，并取得了突破性进展。尽管分布式电源优点突出，但本身也存在诸多问题，如分布式电源单机接入成本高、控制困难等。另外，为减小分布式电源对大电网的冲击，大系统往往采取限制、隔离的方式来处置分布式电源，IEEE 1547《分布式电源接入标准》对分布式能源的单独并网标准做了规定：当电力系统发生故障时，分布式电源必须马上退出运行。这大大限制了分布式能源的充分发挥，也间接限制了新能源的利用。为了协调大电网与分布式电源间的矛盾，充分挖掘分布式能源为电网和用户所带来的价值和效益，21 世纪初，学者们提出了微网的概念。

二、微网的概念

为了降低分布式电源对现有配电网带来的不利影响，同时发挥其辅助作用，美国电力可靠性技术解决方案协会（CERTS）提出了一个很好的解决办法，就是把分布式电源和负荷一起作为配电子系统，并给出了微网的定义：微网是一种由负荷和微型电源共同组成的系统，它可同时提供电能和热量；微网内部的电源主要由电力电子器件负责能量的转换，并提供必需的控制；微网相对于外部大电网表现为单一的受控单元，并可同时满足用户对电能质量和供电安全等的要求。微网从系统观点看问题，将发电机、负荷、储能装置及控制装置相结合，形成一个单一可控的单元。微网中电源称为微电源，主要为可再生能源，包括微型燃气轮机、内燃机、燃料电池、太阳能、风力发电机和生物质能等，它们接在用户侧，具有低成本、低电压和低污染等特点。微网可与大电网联网运行，也可在电网故障或需要时与大电网断开运行。微网具有双重角色：对于公用电力企业，微网可视为电力系统可控的细胞，这个细胞可以被控制为一个简单的可调度负荷，可以在数秒内作出响应以满足传统系统的需要；对于用户，微网可以作为一个可定制的电源，以满足用户多样化的需求，如增强局部供电可靠性，降低馈电损耗，支持当地电压，通过利用废热提高效率，提供电压下陷的校正，或作为不间断电源。此外，紧紧围绕全系统能量需求的设计理念和向用户提供多样化电能质量的供电理念是微网的两个重要特征。微网和大电网通过 PCC 进行能量交换，双方互为备用，从而提高了供电的可靠性。

三、微网的基本结构

微网的基本结构如图 6-1 所示，图中包含了多个分布式电源和储能元件，这些系统和元件联合向负荷供电，整个微网相对大电网来说是一个整体，通过一个断路器和上级电网的变电站相联系。微网内的分布式电源可以含有多种能源形式，包括可再生能源（风力发电、光伏电池）、不可再生能源、微型燃气轮机发电系统，另外还可通过热电联产（CHP）或是冷热电联产（CCHP）的形式向负荷用户供热或制冷，提高能源多级利用的效率。图 6-1 中的微网包括 3 条馈线 A、B 和 C，整个网络呈放射状。馈线通过微网主隔离装置（一般是静态开关）与配电系统相连，可实现孤网与并网运行模式间的平滑无缝转换。其中馈线 A 和 B 为敏感负荷（重要负荷），安装有多个 DGS。馈线 A 中含有一个运行于热电联产的 DGS、该 DGS 向用户提供热能和电能。馈线 C 为非敏感性负荷，孤网情况下微网内部过负荷运行时，可以切断系统对 C 的供电。当外界大电网出现故障停电或电能质量问题时，微网可通过主断路器切断与电网的联系，孤网运行。此时，微网的负荷全部由DGS承担，馈线C继续通过母线得到来自主网的电能并维持正常运行。如果孤网情况下无法保证电能的供需平衡，可以断开馈线C，停止对非重要负荷供电。当故障消除后，主断路器重新合上，微网重新恢复和主电网功角同步运行，保证系统平稳过渡到孤网前的运行状态。在微网的这种结构下，多个DGS局部就地向重要负荷提供电能和电压支撑，这在很大程度上减少了直接从大电网买电和电力线传输的负担，并可增强重要负荷抵御来自主网故障影响的能力。

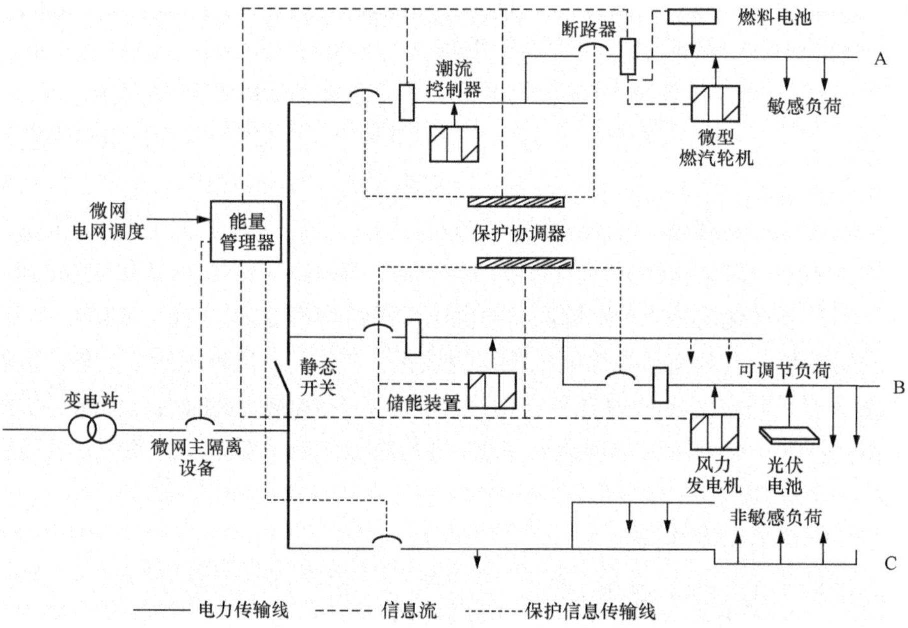

图 6-1　微网的基本结构

此外，在大电网发生故障或其电能质量不符合系统标准的情况下，微网可以以孤网模式进行独立运行，保证微网自身和大电网的正常运行，从而提高供电可靠性和安全性。因此，孤网运行是微网最重要的能力，实现这一性能的关键在于微网与大电网之间的电力电子接口处的控制环节——静态开关。该静态开关允许在接口处灵活可控地接受或输送电能。从大电网的角度看，微网如同电网中的发电机或负荷，是一个模块化的整体单元；另一方面，从用户侧看，微网是一个自治运行的电力系统，它可以满足不同用户对电能质量和可靠性的要求。

6.1.2　微网的研究现状

一、美国的微网研究

美国 CERTS 最早提出了微网的概念，并且是众多微网概念中最权威的一个。美国 CERTS 对其微网的主要思想及关键问题进行了描述和总结，系统地概括了美国 CERTS 微网的定义、结构、控制、保护及效益分析等一系列问题。美国 CERTS 微网的初步理论研究成果已在实验室微网平台上得到了成功检验。2005 年 CERTS 微网的研究已经从仿真分析、实验研究阶段进入现场示范运行阶段。由美国北部电力系统承建的 Mad River 微网是美国第一个微网示范工程，用于检验微网的建模和仿真方法、保护和控制策略以及经济效益等，并初步形成关于微网的管理政策和法规等，为将来的微网工程建立框架。美国能源部还与通用电气共同资助了第二个“通用电气（GE）全球研究（Global Research）”计划，GE 的目标是开发出一套微网能量管理系统（Microgrid Energy Management，MEM），包括电气和热能的性能和成本优化控制，与公用电网的并网控制及对可再生能源间歇性发电的管理。在美国还开展了许多研究，如加州能源委员会资助的分布式效能集成测试平台、美国国家可再生能源实验室所完成的对佛蒙特州微网的安装和运行的检验，它们都促进了微网的发展。

二、欧洲微网的研究现状

欧洲各国对微网的研究越来越重视，近几年来各国之间开展了许多合作和研讨。2005 年，欧洲提出“Smart Power Networks”概念。欧盟微网项目（European Commission Project Microgrids）给出的微网定义是：利用一次能源；使用微型电源，分为不可控、部分可控和全控三种，并可冷、热、电三联供；配有储能装置；使用电力电子装置进行能量调节。欧盟第五框架计划中专门拨款 450 万欧元资助微网研究计划。该项目已完成并取得了一些颇具启发意义的研究成果，如 DERs 的模型、可用于对逆变器进行控制的低压非对称微网的静态和动态仿真工具、孤岛和互联的运行理念、基于代理的控制策略、本地黑启动策略、接地和保护的方案、可靠性的定量分析、实验室微网平台的理论验证等。欧洲所有的微网研究计划都围绕着可靠性、可接入性、灵活性 3 个方面来考虑。电网的智能化、能量利用的多元化等将是欧洲未来电网的重要特点。

三、日本微网的研究

日本在国内能源日益紧缺、负荷日益增长的背景下，也展开了微网研究，但其发展目标主要定位于能源供给多样化、减少污染、满足用户的个性化电力需求。日本专门成立了新能源与工业技术发展组织（NEDO）统一协调国内高校、企业与国家重点实验室对新能源及其应用的研究。NODO 在微网研究方面已取得了很多成果。NEDO 在 2003 年的“Regional Power Grid with Renewable Energy Resources Project”项目中，开始了 3 个微网的试点项目。这 3 个测试平台的研究都着重于可再生能源和本地配电网之间的互联，分别在青森县、爱知县和京都。可再生能源在这 3 个地区的微网中都占有相当大的比重。目前日本在微网示范工程的建设方面处于世界领先地位。有日本学者提出了灵活可靠性和智能能量供给系统（Flexible Reliability and Intelligent Electrical Energy Delivery System，FRIEEDS），利用 FACTS 元件快速灵活的控制性能实现对配电网能量结构的优化。

从各国对未来电网的发展战略和对微电网技术的研究与应用中可以看出，微电网的形成与发展绝不是对传统集中式、大规模电网的变革，而是代表着电力行业在服务、能源利用、环保等方面的一种提高与改善，是对大电网的有益补充。

6.1.3 微网关键技术

一、微网的控制技术

微网灵活的运行方式和高质量的供电服务离不开完善的稳定与控制系统。但微网中的微源个数太多，很难要求一个中心控制点对整个系统作出快速反应并进行相应控制，所以，微网的控制应该做到能够基于本地信息对电网中的事件作出自主反应，如对于电压跌落、故障和停电等，发电机能够利用本地信息自动转到独立运行方式，而不是像传统方式一样要电网调度统一协调。微网的控制应保证：任一电源的接入不对系统造成影响；自主选择运行点；平滑地实现与电网的并网、分离；对有功、无功进行独立控制；具有校正电压跌落和不平衡的能力。

目前，微电网的控制方法有以下几类：

（1）基于电力电子技术的“即插即用”与“对等”的控制方法。该方法简单、可靠，易于实现，但没有考虑系统电压与频率的恢复问题，在微网遭受扰动时，系统的频率质量可能无法保证，而且该方法只是针对基于电力电子技术的微电源间的控制，应用范围狭窄。

（2）基于功率管理系统的控制方法。该方法可以对有功和无功分别进行控制，而且还能够满足频率质量的要求。功率管理系统采用了多种控制方法，增加了控制的灵活性并提高了控制性能，但该方法也只是讨论了基于电力电子技术的机组间的协调控制，而没有考虑它们与含有调速器的常规发电机间的协调控制。

（3）基于多代理技术的控制方法。该方法将传统的多代理技术应用于微网的控制系统中，代理的自治性、反应能力及自发行为等特点正好满足了微网分散控制的需要，但该技术目前还未深入到对微网的频率和电压进行控制方面。

二、微网的保护

微网的保护问题与传统保护有着极大不同，典型表现为：

（1）潮流的双向流通。

（2）微网在并网运行与独立运行两种工况下，短路电流大小不同且差异很大。因此，如何在独立和并网两种运行工况下均能对微电网内部故障作出响应以及在并网情况下快速感知大电网故障，同时保证保护的选择性、快速性、灵敏性与可靠性，是微网保护的关键，也是微网保护的难点。传统的电流保护显然无法满足微网保护的特殊要求。目前，针对单相接地故障与线间故障，有学者提出了基于对称电流分量检测的保护策略。该方法以超过一定阈值的零序电流分量和负序电流分量作为主保护的启动值，将传统的过电流保护与之结合可取得良好的效果。虽然国际上已有学者研制出微电网保护的硬件装置，但人们仍在对更加完善的保护策略进行积极探索。发电机和负荷容量对保护的影响，不同类型发电机如基于变流器和不基于变流器对保护的影响及微网不同运行方式和不同设计结构对保护的影响等问题都是微网保护策略研究中所关注的重点。

三、微网的电能质量分析

微网的电能质量主要受两个方面影响。

（一）主网对微网的影响

主网对微网的不利影响主要是不平衡电压和电压骤降这两个电压质量问题。当主网电压失衡严重时，连接微网和主网的隔离设备会断开，使微网孤立运行，避免其受到影响。当主网电压失衡不严重时，隔离设备不会动作，微网在公共耦合点（PCC）维持不平衡的电压，如果没有补偿措施，失衡电压可能导致失去电机负荷和敏感装置的不正常运行，微网会产生电能质量问题。

（二）微网本身影响

微网内存在许多电力电子设备和非线性负荷，另外，DG机组频繁启停，都会产生谐波失真电流，影响电能质量。因此，研究微网中逆变器的控制技术，可以在非线性负荷或是网络失真的情况下，得到低谐波失真的输出电压，改善电能质量。

6.2　微网中的电能质量控制技术

随着微网研究的深入和应用范围的扩大，微网中微电源的种类越来越多，数量也越来越大，微网中出现许多由于微电源自身特殊性质而引发的电能质量问题。微电源的特殊性造成的电能质量问题仅仅是微网相比传统配电网电能质量问题特殊性的一个方面，微网的特殊网络性质和运行特点，以及包含在其中的众多储能设备、检测控制设备都使微网电能质量问题的产生原因和传播范围有了许多新的特点。在微网电能质量问题的影响因素和控制方法方面，也因为微电源普遍采用的逆变/整流技术和新的控制方法而出现了许多新的电能质量控制途径。

6.2.1 微网电能质量问题的原因及特点

微网包含大量微电源，各种微电源都可能恶化微网的电能质量水平。

（1）光伏发电装置会引起电压波动和谐波污染。

（2）感应电动机形式的风力发电机接入微网后可能造成电压跌落问题，因为风机并网和解网时伴随的冲击电流会带来电压跌落问题；风力发电机会因为风速变化造成有功输出的波动，有可能引发电压闪变；当单相风力发电机接入微网后，由于仅在某一相中注入功率，因此可能导致该相电压偏高造成电压三相不平衡；还有频率偏移和功率因数偏低等问题。

（3）燃料电池式的微电源可能导致的电能质量问题则包括谐波污染和偏低的功率因数。

实验通过测量一个已进入批量生产的燃料电池在不同负载率下的输出电压、电流的波形畸变率（Total Harmonic Distortion，THD）和功率因数的变化情况后发现，该设备不仅会恶化接入电网的电流波形畸变率指标，并且只有满负荷运行时其输出功率的功率因数才能达到 0.7 以上。

（4）同步式的微电源可能带来频率波动问题和电压闪变问题，还有可能恶化接地故障引发电压跌落的危害程度和范围。

（5）逆变器的工作特性会导致微网中出现谐波谐振，加剧谐波污染危害。

6.2.2 微网中电能质量控制技术

一、有源滤波器与微电源相结合

微电源的电能质量危害可以通过针对性地安补偿装置或改进控制方法改善。

（1）对于向交流电网输出直流的问题，可以通过在逆变器电网侧串联变压器的方式解决。

（2）对于感应电动机式微电源启动带来的电压跌落问题，可以通过在电网接口处安装能实现“软启动”的限流装置解决。

（3）对于功率因数偏低的问题，可以通过安装能自动调整的补偿电容器组来改善。

对谐波谐振现象的抑制措施除了安装有源滤波器及补偿设备的一般性方法以外，还可以从改善网络环境的角度入手。所有微电源的逆变器都应该具备两种功能：消极的谐波电压阻尼（harmonic voltage damping）功能与积极的谐波电流补偿（harmonic current compensation）功能。前者通过控制回路的约束让逆变器在所有阶次的谐波电压面前都表现为强电阻性阻抗，后者则在检测到附近的设备发出谐波电流时启动。通过这两个改进可以使微网整体表现为对谐波的强阻尼环境，从根本上消除谐波谐振现象的产生条件。为了能更好地补偿微网中的电能质量问题，针对微网实际特点，有源滤波器有两个重要的改进方向。

有源滤波器的主要元件就是单相或三相逆变器。遍布微网内的微电源普遍装有逆变器，自然都具有潜在的电能质量补偿能力。只要在其控制系统的设计中加入相应的控制算法，就都能够不同程度地改善微网的电能质量水平。分布式电源的三相逆变器控制中加入谐波补偿功能，可以使这些正常情况下不能充分利用的逆变器容量以有源滤波器的形式发挥作用。有学者提出灵活分布式发电系统（Flexible Distributed Generation）的概念，以充分发挥分布式逆变器的电能补偿能力。灵活分布式发电系统可以在两种工作模式下运行：在电网和微网正常运行时按“功率因数改善模式”运行，此时逆变部分除了完成正常发电任务以外还要执行无功补偿、不平衡补偿、谐波抑制任务；当电网侧发生故障可能影响微网的平稳运行时，逆变器转入“电压补偿模式”运行，专门输出必要的有功和无功功率以支撑公共连接点（PCC）上的电压，使之不偏离正常范围。

电压补偿模式的实现有多种方式，微电源可以与电能质量补偿装置结合，提高后者的工作效能。例如，动态电压恢复器（Dynamic Voltage Restorer，DVR）在有微电源承担有功输出任务时可显著提高电压补偿能力；也可以直接利用微电源的逆变器实现电压跌落的补偿；甚至再加入储能装置进一步提高电压补偿能力。

二、通用电能质量调节器

如果把串联有源滤波器和并联有源滤波器结合起来，就可利用两者的优点，比较圆满地解决微网对于电能质量的控制要求。通用电能质量调节器（Unified Power Quality Conditioner，UPQC）正是基于这一思想。两个三相逆变器，一个并联在微网的公共连接点处，另一个则串联在公共连接点和电网之间的输电线上。前者扮演电压源的角色，保证公共连接点上的电压合乎要求；后者扮演电流源的角色，阻止电网侧谐波和负序电流的流入，阻止电网侧电压变化对微网的影响（如电压闪变、电压跌落、欠电压、过电压等问题）。如果电能质量问题源自微网内部，UPQC 还能够起到将危害限制在网内的效果。

三、有源滤波器的其他改进措施

基于四引脚并行阻抗源逆变器的有源滤波器不仅可以完成有源滤波器常规的谐波抑制补偿任务，还可以利用自身结构有中性线的特点方便地控制零序电流。多种具有新颖结构的多电位逆变器也被引入有源滤波器的领域，因为采用了多电位结构，新逆变器更容易得到需要的输出波形，增强了谐波补偿能力。仅仅在微网的公共连接点上通过并联有源滤波器和其他补偿设备的方法补偿电压跌落和三相不平衡是存在明显缺陷的，特别是当引发这些问题的原因发生于电网侧时。因为这样的补偿措施很可能在微网和电网之间产生电压差（电压跌落补偿）或负序电压差（不平衡电压），引发公共连接点与电网之间出现较大的电流，既有可能损坏补偿设备，也会削弱补偿效果。根本的解决办法是在公共连接点与主网的输电线上串联一个有源滤波器，在有效补偿电压问题的同时防止过电流的发生。LC 滤波电路虽然存在补偿效果严重依赖网络参数和可能产生谐振问题的缺点，但并联在有源滤波器的电网侧时可以为有源滤波器承担某个固定谐波阶次的补偿任务和全部无功补偿任务，可以明显提高有源滤波器的工作效率。并联了 LC 滤波电路的有源滤波器称为 T 型有源滤波器。在这种结构中有源滤波器的容量和计算性能可以全部用来补偿其他谐波影响或者应对其他动态变化。

6.3 微网的控制技术

6.3.1 微网控制的主要问题

微网系统有与外部电网并网和独立运行两种模式。当电网并网时，微网内的负荷根据用户的情况从电网内部以及外部吸收能量。由于电压降落、故障、停电检修等原因造成外部电网连接中断时，微网需要从并网平滑过渡到独立运行状态。与外部电网隔离后，微网进入独立运行模式。由于微网有联网和孤岛两种运行模式，所以微网通常运行在三种状态：联网运行状态，孤岛运行状态和在两种运行状态之间切换的暂态。

（1）运行于联网模式时，微网一般被要求控制为一个“好公民”或者“模范公民”。作为“好公民”时，微网在与配电网连接时需满足配电网的接口要求，同时不参与主电网的操作。此时，微网应能实现减少电能短缺、提高当地电压质量和不造成电能质量的恶化等目标。而当被控制为“模范公民”时，要求微网能为大电网提供一些辅助操作，例如参与大电网的电压和频率调节，参与维持整个电网稳定运行，提高故障承受能力等。

（2）运行于孤岛模式时，微网必须能维持自己的电压和频率。在传统电网中，频率能通过大型发电厂内拥有大惯性的发电机来维持，电压通过调节无功功率来维持。在微网中，由于采用大量电力电子设备作为接口，其系统惯性小或无惯性、过载能力差以及采用可再生能源发电的分布式电源输出电能的间歇性和负载功率的多变性增加了微网频率和电压控制的难度。而且配电网线路阻抗呈阻性，使电压不仅与无功功率有关也与有功功率有关，控制电压需要通过控制有功和无功功率两个方面来完成。

（3）当微网运行在两种模式之间切换的暂态时，维持微网稳定是其最主要的问题。如果微网在联网运行时吸收或输出功率到电网，当微网突然从联网模式切换到孤岛模式时，微网产生的电能和负荷需求之间的不平衡将会导致系统不稳定，此时设计合理的微网结构和采用恰当的控制方法是非常重要的。当微网从孤岛模式重联到大电网时，如何与电网同步是其主要问题。目前，对于缺少惯性的微网，储能装置是维持其暂态能量平衡的必要元件。

6.3.2 逆变器接口的分布式电源的特点

传统同步发电机系统如图6-2所示，原动机与同步发电机同轴连接，通过线路连接到大电网，其转子运动方程如式（1-1）所示

$$T_m - T_e = \frac{2J}{P}\frac{d\omega_r}{dt} \tag{6-1}$$

式中 T_m ——发电机输入的机械转矩；

T_e ——发电机输出的电磁转矩；

J ——发电机转动惯量；

P ——发电机转子极数；

ω_r ——发电机角速度。

由转子运动方程可知，当发电机输出电功率大于原动机输入的机械功率时，发电机旋转速度下降，这时其旋转轴的旋转储能转化为电能，满足初始能量平衡。然后发电机速度调节器检测到发电机转速下降，开始动作，增加原动机的能量输入，使发电机速度恢复到额定值。发电机输出电压电流的角频率由发电机的旋转速度决

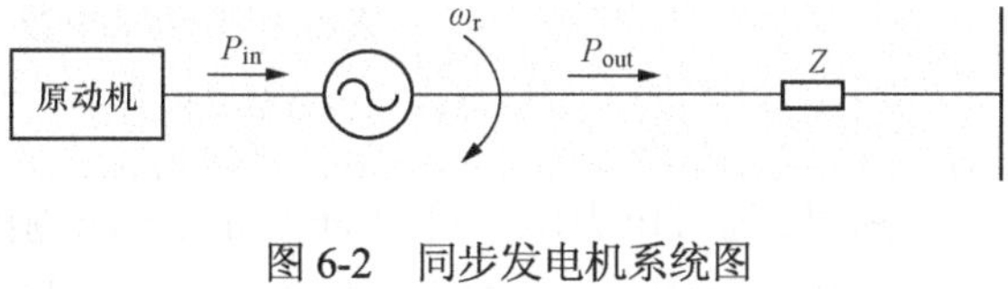

图6-2 同步发电机系统图

定，而发电机的旋转速度通过发电机的速度调节器进行控制。发电机输出电压的幅值由励磁系统的控制来调节，而负荷点的电压幅值可以通过调节变压器分接头及无功补偿来调节。

对于如图 6-3 所示逆变器接口的分布式电源发电系统，图 6-3（a）所示是通过背靠背逆变器接口的交流分布式电源发电系统，图 6-3（b）所示是通过逆变器接口的直流分布式电源发电系统。逆变器前的电容在暂态时可以提供电能，提供相当于同步发电机的转轴提供的旋转储能以维持暂态能量平衡，但是电容器能提供的能量要少很多。采用逆变器接口的分布式电源输出电压电流的频率是由接口逆变器的控制策略决定的，而其输出电压幅值由其直流侧电容电压幅值和接口逆变器的控制策略共同决定。所以，分布式电源输出电压电流的频率变化和分布式电源原动机不存在直接关联，取决于其接口逆变器的控制策略。比如，对于接口逆变器采用调制比为常数的开环系统，当负荷功率增加，逆变器输出功率增加，此时电容器输出更多能量。如果原动机的输入功率没有及时跟随负荷功率的变化，则逆变器输出的电压幅值将下降而频率维持不变。

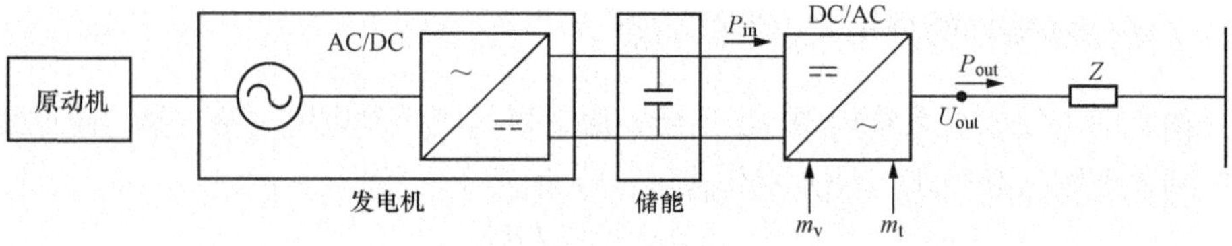

（a）

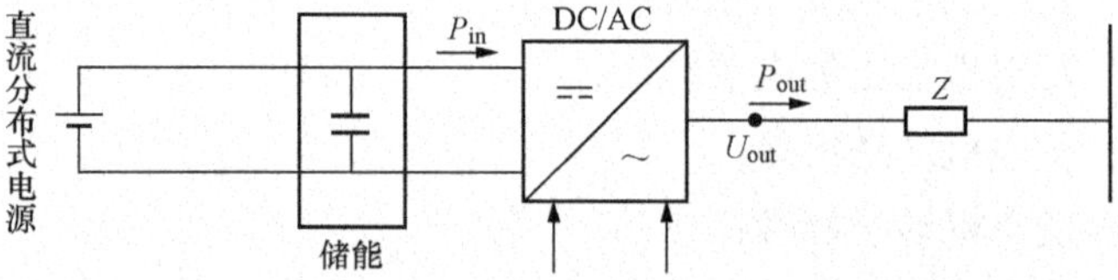

（b）

图 6-3　分布式电源发电系统

（a）交流分布式电源；（b）直流分布式电源

所以，通过电力电子接口的分布式电源输出的电压和电流的频率由接口逆变器的控制策略决定，这是有逆变器接口和发电机直接并网的一个很大不同点。另外一个大的不同点是，电容的存储能量远少于旋转轴的旋转储能，这就是所谓的没有惯性，所以微网中通常配备储能装置。因此可知，合理控制策略的选择对于逆变器接口分布式电源的正常运行至关重要。

6.3.3 分布式电源接口逆变器的控制方法

为了更简单地控制分布式电源的接口逆变器，使不同类型的分布式电源形成微网，一种常见的方法是模拟传统发电机的控制系统，设计控制器使分布式电源的接口逆变器按照下垂特性曲线运行。常见的分布式电源接口逆变器控制方法分为恒功率控制、下垂控制和恒压恒频控制。

一、恒功率控制

一个分布式电源接口逆变器采用 P/Q 控制，表示其控制目的是使分布式电源输出的有功功率和无功功率等于其参考功率。P/Q 控制的原理如图 6-4 所示，有功功率控制器调整频率下垂特性曲线使分布式电源输出的有功功率始终维持在参考值附近；无功功率控制器则调整电压下垂特性曲线使无功功率也维持在相应的参考值附近。例如，当系统频率为 50Hz、分布式电源的端口电压为额定值时，分布式电源运行在 B 点，输出的有功功率和无功功率分别为 P_{ref} 、Q_{ref}；当系统的频率增加，且分布式电源的端口电压幅值增大，此时分布式电源运行点将由 B 点向 A 点移动，输出的有功和无功依然 P_{ref} 、Q_{ref}；当系统的频率减小，且分布式电源的端口电压幅值减小，分布式电源运行点将由 B 点向 C 点移动，输出的有功和无功依然为 P_{ref} 、Q_{ref}。该控制方法需要系统中有维持电压和频率的分布式电源或电网。

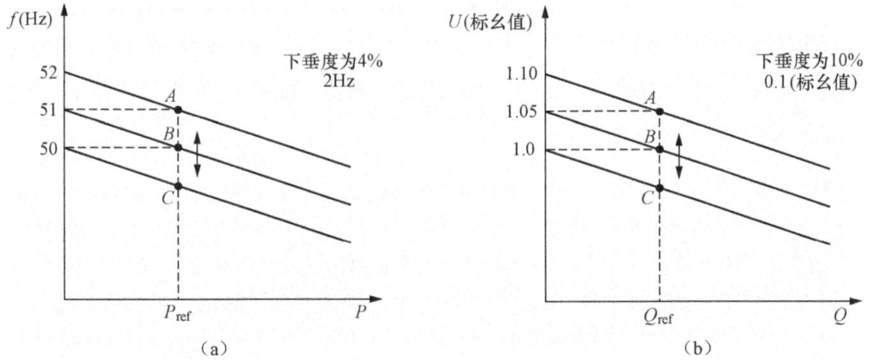

图 6-4 P/Q 控制原理

(a) 频率下垂特性；(b) 电压下垂特性

二、下垂控制

常用的分布式电源接口逆变器的下垂控制原理如图 6-5 所示，它利用分布式电源输出有功功率和频率呈线性关系而无功功率和电压幅值成线性关系的原理进行控制。例如，当分布式电源输出有功和无功功率分别增加时，分布式电源的运行点由 A 点向 B 点移动。该控制方法由于其具有不需要分布式电源之间通信联系就能实施控制的潜力，所以一般用于对等控制策略中的分布式电源接口逆变器的控制。

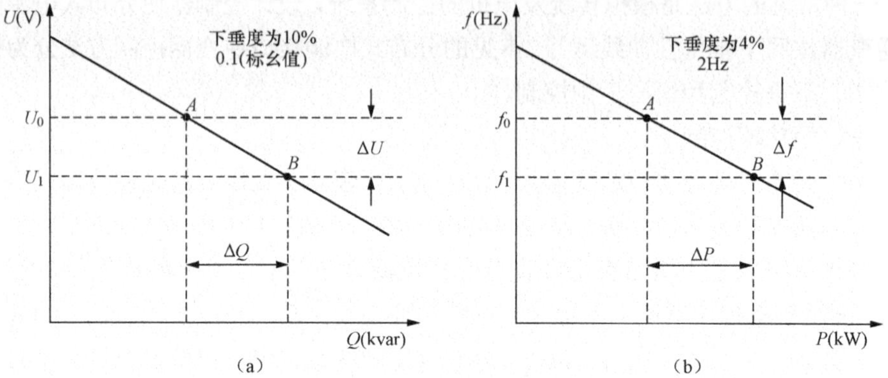

图 6-5　下垂控制原理

（a）频率下垂特性；（b）电压下垂特性

三、恒压恒频控制

分布式电源接口逆变器的恒压恒频控制原理如图 6-6 所示，其基本思想是不管分布式电源输出功率如何变化，其输出电压的幅值和频率一直维持不变。例如，分布式电源输出的有功功率从 P_1 变化到 P_3，无功功率从 Q_1 变化到 Q_3，其输出的频率始终为 50Hz，电压幅值为额定值。此控制方法一般用在主从控制策略中主分布式电源的控制中。

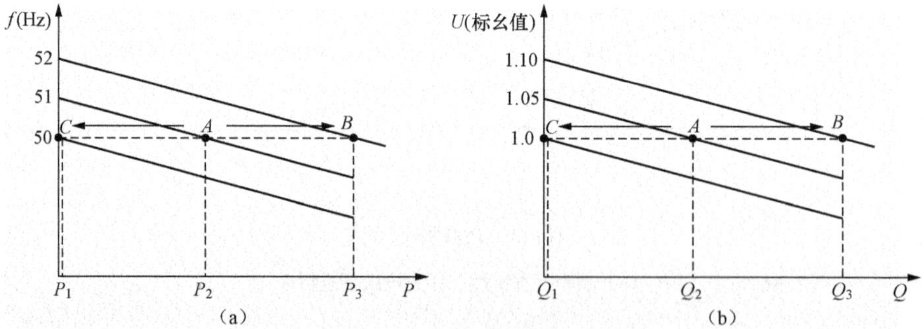

图 6-6　U/f 控制原理图

（a）频率下垂特性；（b）电压下垂特性

6.3.4　微网的控制

微网的控制大致有两种思路，一种是中心控制，一种是非中心控制。中心控制就是建立一个遍及全微网微电源和感应检测设备的控制网络，通过一个控制中心感知当前运行状态并及时向各微电源和控制设备发出指令，保证微网平稳运行。非中心控制的基本思路是，各个微网内的微电源基本依靠检测端口量实现发电功率的协调控制。属于中心控制的控制方法有基于功率管理系统的微网控制方法和基于多代理技术的微网控制方法。属于非中心控制的控制方法主要是基于“下垂特性”的“即插即用”与“对等”控制。微网中的电源数量众多、空间分布极其广泛，而功率又相对较小，这样的条件下如果还想采用传统的中心控制方式肯定需要安装无数的传感器和开发一个非常复杂的控制系统，这种方案成本过高，更不用提微网还需要应对的紧急情况很可能伴随通信中断的问题。因此，一般认为非中心的控制方式更有应用前景。为了保证在以逆变器形式电源占主体的微网中实现有功功率和无功功率的自主平衡，同时为了保证完成功率平衡任务的逆变器之间合理的出力分配，基于下垂特性的控制方法得到了广泛的认可。图6-7所示是一个基于下垂特性的简要控制框图。

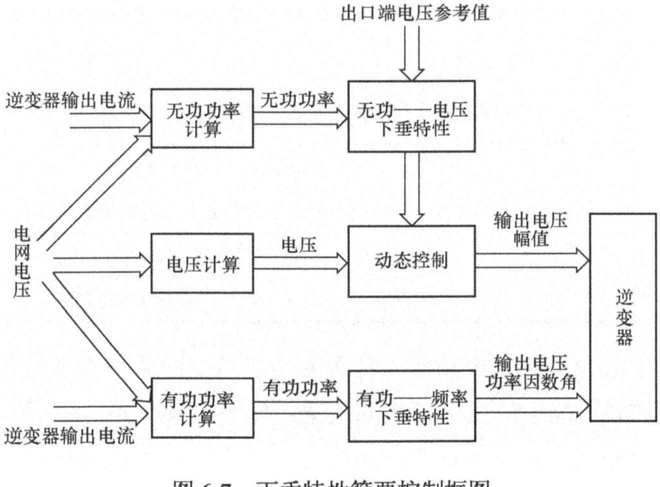

图6-7　下垂特性简要控制框图

每个承担调频调压任务的微电源要根据连接点上实时测量到的电压、电流信息，在示意图左侧的计算环节中换算为有功、无功功率的当前输出值以及当前电网频率，然后根据设定的电压和频率参考值基于下垂特性曲线计算当前应该输出的电压相量的幅值和频率，达到适当调整有功、无功功率输出的目的，期间不需要信号的联系。

6.4 微网的继电保护

6.4.1 分布式电源接入对继电保护的影响

分布式电源接入配电网或微网之后，势必会改变它们的拓扑结构和潮流方向，原有的保护和自动重合闸必须作出相应的调整，否则分布式电源必将使故障无法快速、准确地切除，对系统及其设备的安全稳定运行造成破坏。

一、分布式电源类型和容量对保护装置的影响

分布式电源接入对保护的主要影响是在发生故障时将对故障点提供故障电流。不同类型的分布式电源提供的短路电流不同。从研究继电保护的角度而言，分布式电源模型可以用一个电源串联电抗的模型来表示，因此需要考虑的是，在故障发生时分布式电源能够提供多大的故障电流。不同类型的分布式电源其电抗值是有差别的，它表征了该电源的故障电流注入能力。表 6-1 中分析了不同类型分布式电源的故障电流注入能力，将该表中最大的故障电流注入数据用于短路计算就可以确定最严重的故障情况。

表 6-1　不同类型分布式电源故障电流注入能力

分布式电源类型	故障电流注入百分比
换流器	100%～400%，持续时间取决于控制装置，有的换流器可能小于 100%
同步电机	500%～1000%，逐渐衰减到 200%～400%
感应电机	500%～1000%，10 个周波衰减到可忽略

此外，在不改变分布式电源接入位置的情况下，随着分布式电源容量的改变，发生短路故障时，短路电流有着较大的改变。与不接分布式电源相比，在同一点发生故障，流过分布式电源下游保护的短路电流增大，在不改变保护定值的情况下，这将使下游保护的保护范围增大；随着容量的增加，分布式电源的助增能力越大，伸入下一段保护的范围越大，继电保护的选择性将得不到满足。

如图 6-8 所示，保护 F2 所在线路末端发生短路故障时，由于分布式电源的接入，保护 F2 检测到的电流 I_{F2} 将增大，并且分布式电源的容量越大，I_{F2} 越大，I_{F2} 有可能大于电流保护 I 段整定值 I_{set2}^{I}，造成保护误动。

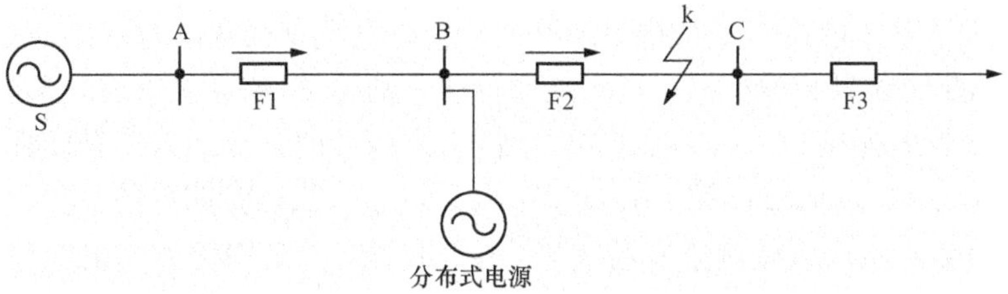

图 6-8　分布式电源对本线路下游保护的助增作用

二、分布式电源的不同接入点对保护的影响

分布式电源接入配电网或微网中，会改变其附近节点的短路容量。分布式电源对继电保护的影响可从多个方面来考虑。分布式电源相对于保护的位置不同，会有不同的影响效果。下面针对分布式电源位于保护的上游位置、下游位置，在不同点发生故障进行考虑（见图 6-9）。当分布式电源位于 B 点时，保护 1 位于其上游，保护 2、3 位于其下游，保护 4 在相邻馈线始端。

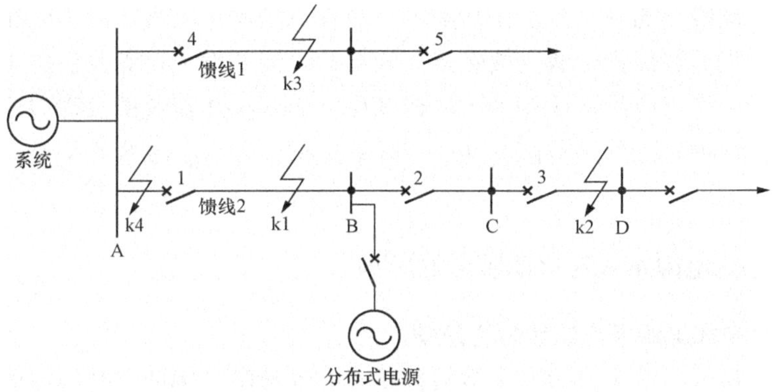

图 6-9　分布式电源相对于保护不同位置时对保护的影响分析图

当无分布式电源接入时，如图 6-9 所示，故障发生在馈线 2 上 k2 点时，有以下关系成立：$\dot{I}_S=\dot{I}_1=\dot{I}_2=\dot{I}_3=\dot{I}_F$，其中，$\dot{I}_S$、$\dot{I}_1$、$\dot{I}_2$、$\dot{I}_3$、$\dot{I}_F$ 分布为系统、保护 1～3 和故障点的电路电流。

（一）分布式电源对上游保护的影响

当故障发生在分布式电源上游的 k1 点时，因为分布式电源也要给故障点提供故障电流，所以不仅使得故障点的故障电流 $\dot{I}_F$ 增大，而且使得 AB 线路变成了双侧供电线路，但此时流过保护 2 的短路电流 $\dot{I}_2$ 仍为零。在这种情况下，虽然保护 1

的短路电流与无分布式电源时的变化不大，方向也没有改变，对保护 1 影响不大，但是上游 AB 线路只装设保护 1 就不能真正切除故障了，必须要在对侧装设断路器，将两侧断路器都跳开，才能切除故障。当 k4 点故障时，分布式电源的存在使故障点故障电流 $\dot{I}_F$ 增大，流过保护 1 的故障电流 $\dot{I}_1$ 为分布式电源向故障点提供的故障电流，而且功率方向从负荷侧流向系统侧。在此种情况下，分布式电源对保护 1 有影响，会造成反方向故障的误动作。所以，不能单独地采用电流保护，必须采用方向性的电流保护才能满足选择性的要求。

（二）分布式电源对下游保护的影响

当分布式电源下游的 k2 点发生故障时，由于分布式电源的助增作用，故障点的短路电流增大，流过分布式电源至短路点之间保护的电流 $\dot{I}_2$、$\dot{I}_3$ 也是增大的，分布式电源对继电保护有影响，造成各个保护的保护范围延伸，失去选择性。为了让下游保护正确动作，必须按照有助增电源的情况对下游各个保护重新进行整定。

（三）分布式电源对相邻馈线保护的影响

当相邻馈线上的 k3 点发生故障时，故障点的电流增大，因为分布式电源会提供故障电流通过保护 1 流向故障点。如果该电流足够大，而且保护 1 未加装方向元件的话，将有可能造成保护 1 的误动作。而保护 4 流过的故障电流的增大，有可能会使保护 4 的保护范围延伸到下一段线路，与保护 5 失去配合，无法保证选择性。

6.4.2　分布式电源接入对自动装置的影响

一、分布式电源所在馈线发生故障

在电力系统中发生的故障大多数都是瞬时性故障，因此重合闸在电力系统中应用得非常广泛。如图 6-10 所示两条馈线均采用前加速自动重合闸装置，分别装设在保护 1、4 处。当馈线 AB、BC、CD 上任何一段线路发生故障时，第一次均由保护 1 瞬时动作予以切除；之后保护 1 瞬时动作重新合上断路器，清除瞬时性故障恢复供电。在断路器跳闸后，必须有充分的时间使故障点的电弧熄灭才能保证重合闸成功。但是当分布式电源接入 B 点后，任何一段线路发生瞬时性故障时，保护 1 跳开后，分布式电源仍然向故障点提供电流，故障点的电弧持续燃烧。如果这时分布式电源处的保护没有在重合之前检测到故障并将分布式电源从电网上断开的话，将导致保护 1 前加速装置重合不成功，有可能导致永久性故障，扩大停电范围。

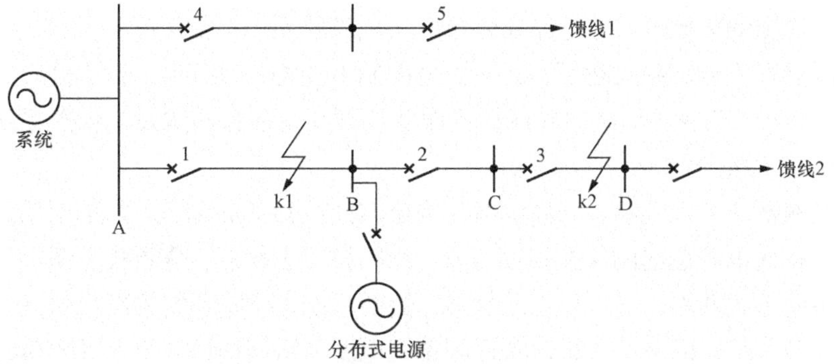

图 6-10　分布式电源所在馈线发生故障时对重合闸装置的影响分析图

二、相邻馈线发生故障

如图 6-11 所示，当相邻馈线上的 k3 处发生瞬时性故障时，保护 4 的前加速动作瞬时跳开断路器 4，之后重合成功恢复供电。但分布式电源接入后，如果分布式电源向 k3 提供的故障电流过大，有可能引起本馈线保护 1 的误动作，由于保护 1 处装设有前加速自动重合闸装置，所以也会引起保护 1 自动重合闸装置的误动作。

由上述两种情况的分析可见，分布式电源所在馈线发生瞬时性故障时，分布式电源的存在会导致前加速重合闸装置重合失败，会形成永久故障、扩大停电范围。而相邻馈线故障有可能会引起分布式电源所在馈线出口保护和重合闸装置的误动作。

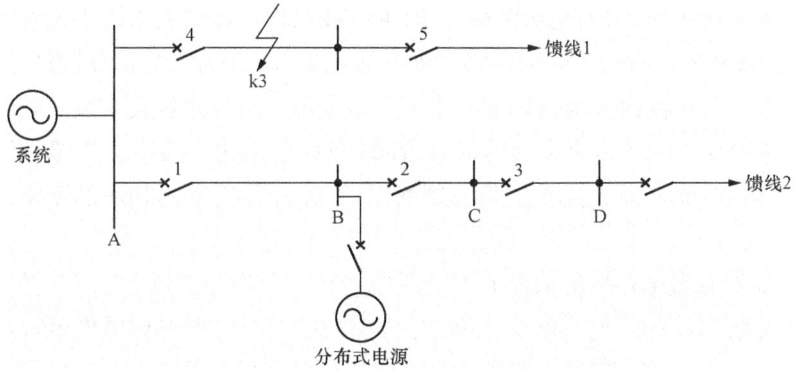

图 6-11　发生故障时对重合闸装置的影响分析图

6.4.3　微网的保护

微网的保护既要克服微网接入对传统系统保护带来的影响，又要满足含微网系统对保护提出的新要求，这是保证分布式发电供能系统可靠运行的关键。由于微网既能并网运行又能够独立运行，其保护与控制将变得十分复杂。目前分布式发电供能系统的运行实践来看，微网的保护协调性问题是目前分布式发电供能系统广泛应用的主要技术瓶颈之一。

在微网概念引入之前，一般均不允许分布式电源孤岛运行，均采用系统故障时主动将分布式电源退出的保护控制方案。微网技术出现后，分布式电源不再以独立发电设备的形式并网，而是与当地负荷、储能系统、控制系统等组成微网后再与配电系统并网，配电系统故障时，允许分布式电源带微网内的重要负荷继续运行。微网中多个分布式电源及储能装置的接入，彻底地改变了配电系统故障的特征，使故障后电气量的变化变得十分复杂，传统的保护原理和故障检测方法将受到巨大影响，可能导致无法准确地判断故障的位置。在微网正常并网运行的系统中，微网内部的电气设备发生故障时，应确保故障设备切除后微网系统继续安全稳定地并网运行。在微网外部的配电系统部分发生故障时，应在可靠定位与切除故障的前提下，确保微网在与主网断开后继续可靠运行，并确保断开后的微网系统再故障时仍能够可靠切除故障元件。微网接入配电系统带来的这些变化使保护的工作原理和动作逻辑均变得异常复杂，传统继电保护方法无法满足要求，这已经成为限制分布式发电供能技术进一步发展和应用的重要技术屏障。

针对微网接入配电网对保护的特殊要求，人们提出了不同的解决方案，其中“主从式”纵联保护方案的原理如图 6-12 所示。被保护区域的变电站中设置一个站级保护主机（MPD），而在不同的断路器处设置从机（SPU），主机通过通信网络与从机通信。每一个从机内部均安装有一个方向继电器，用来测量其安装点处的故障方向。当从机收到主机的查询命令时就将故障方向信息提供给主机，主机利用故障定位算法通过处理不同从机上传的信息判断出故障区段，进而对相应的断路器发出跳闸命令。

在该保护方案中，所有从机的方向继电器正方向均为“自上而下”的方向，即由主配电系统侧指向配电系统的末端方向。这样，每一处的方向继电器仅反映其下游的故障。由于主电网容量一般较大且能够提供较大的短路电流，这使得方向继电器的检测灵敏度主要由主电网决定，从而使分布式电源运行的易变性和断续性对方向继电器的检测灵敏度的影响大为削弱。

本保护方案采用的是一种分层顺序检测故障的算法，只有在检测到故障且变电站与外网连接点（PCC）处的从机（也就是图 6-12 中的 SPU1）动作时，才启动该算法。通过该算法，可以得出如下判断：如果 SPU1 动作但 SPU2 未动作，则判定是变压器故障；如果 SPU1 和 SPU2 都动作但是 SPU3～SPU5 未动作，则判定为母线故障；如果任何一条馈线安装处的从机动作（如图 6-12 中的 SPU3～SPU5）则说明故障发生在相应的馈线上。例如，如果 SPU3 动作，则故障一定位于馈线 2 上。然后，主机将向该馈线上的所有从机发出查询命令（即图 6-12 中 SPU6～SPU9），SPU6～SPU9 将响应主机的命令把它们各自检测到的故障方向结果上传给主机，主机通过比较 SPU6～SPU9 的检测结果来确定故障区段，然后给相应的从机发送动作信号，相应的从机将向本地的断路器发出跳闸命令切除故障。本方案的优势在于：只需在故障时判断出是否有故障电流流经保护装置，同时检测出故障的正反方向，而不必考虑由于分布式电源的接入对短路电流的影响是否会降低保护的灵敏度和选择性。因为不管分布式电源的影响如何，发生短路时的故障电流肯定比正常时的负荷电流大，因此判断故障方向将会容易很多。但是，该保护方案对通信的依赖性较强，因此，研究适用于微网的新型继电保护方案具有十分重要的意义。

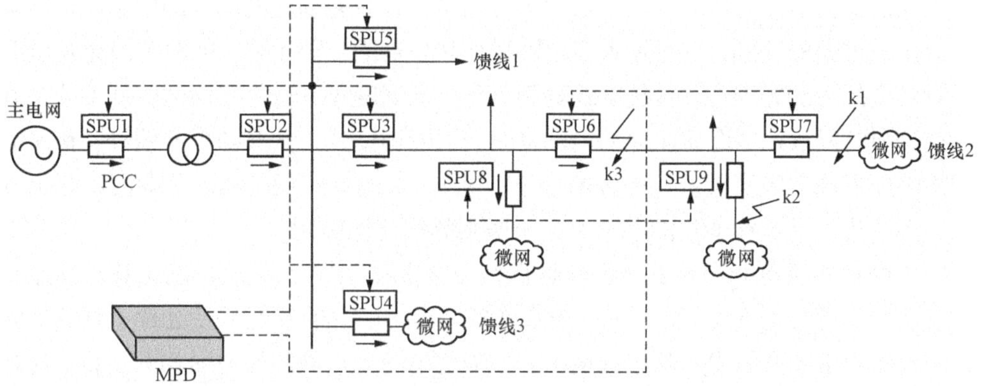

图 6-12　“主从式”纵联保护方案的原理

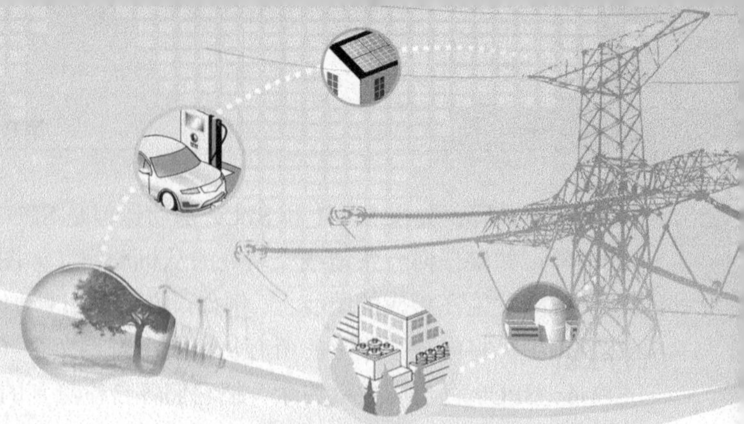

第7章 全维度智能化高级电网调度技术

7.1 电网智能化调度的研究现状

智能电网是国际电力工业积极应对未来挑战的共同选择，国内外都给予了极大的关注。智能调度是智能电网建设的关键内容，是智能输电网的神经中枢，是维系电力生产过程的基础，是保障智能电网运行和发展的重要手段。电网的快速发展要求电网运行更加智能化，传统的经验型、分析型调度模式已经不能适应新要求，亟需结合科技发展，打造智能化的电网调度。智能调度分为狭义与广义两种：狭义的智能调度指辅助调度员值班的辅助决策功能；广义的智能调度涵盖了调度中心全专业的智能化，通过智能化的手段服务于坚强的智能输电网。

国内对智能调度进行了许多有益的实践与探索。其中，调度辅助决策功能已经成功应用于部分地区级调度中心，少数网省公司对广义的智能调度进行了有益的尝试，例如华东电网公司的高级调度中心、华北电网公司的智能电网相关项目，在智能调度领域开展了大量的有益实践。

国外的智能调度目前尚未形成体系，1997 年 Dy Liacoo 博士提出了面向调度值班的电网调度智能机器人（automatic operator）概念。2007 年独立系统运营商 PJM（Pennsylvania New Jersey Maryland）提出了理想调度（perfect dispatch）概念，主要侧重于有功调度，认为广域相量测量技术是保证大电网安全的重要手段，也是实现智能输电网的基础，因此其目前主要从广域测量系统（WAMS）和先进控制中心的研究着手开展智能调度的建设工作。

建设智能调度是特高压电网一体化安全稳定运行与协调控制的需要。随着华北、华中、华东（三华）特高压同步电网的形成和西北、东北大送端电网的建设，电网结构、形态的发展都将进入新的阶段，电网特性由区域模式主导转向总体模式，呈现一体化趋势。这些新特性的出现加大了电网运行控制的难度，需要智能调度为其提供必要的技术支撑。建设智能调度是促进节能减排、构建国家能源战略的需要。它能够通过先进的调度和控制技术服务于灵活的能源接入，实现广域范围品种丰富的能源资源瞬时的优化配置，实现对大规模可再生能源开发的有效接纳，促进经济社会可持续发展。建设智能调度是加强电网安全保障和提升抵御风险能力的重要手段。电网调度是电网安全稳定运行的关键环节，经济越发展，对电网安全可靠运行的要求越高。目前大电网事故的风险始终存在，从电网运行的实际来看，安全工作面临诸多压力。需要通过智能调度建设，实现电网安全风险的可控、能控、在控，增强电网抵御风险的能力，保障国家智能电网的可持续健康发展。

7.1.1 智能调度内涵与架构

智能调度面向输电网，综合运用各种先进科技和智能化手段，对输电网进行主动式、智能化的监视、分析、预警、辅助决策和自愈控制；面向调度中心运行方式、继保、调度、计划、自动化等全业务专业，提供智能化的业务支撑手段，为坚强可靠、高效经济、清洁环保的智能输电网提供强有力的技术支撑。

从自动化技术支持实现的角度看，智能调度需要具备自学习程度高、自动化程度高、感知能力强、告警与预警能力强、抗风险能力强、运行经济性好、精细化程度高、流程化程度高等特征。从电网的应用实现效果上说，智能调度监视电网是敏锐的、感知电网是前瞻的、控制电网是自愈的、调整电网是优质的、运行电网是经济的。

面向调度中心内部，智能调度通过智能化的手段为调度中心各专业提供精益化的服务，调度的各个环节都要智能化，包括量测处理、建模、分析、计算、计划、管理、决策、控制等各个环节。其中，面向各专业需求的若干智能化应用是智能调度建设的关键，可视化是智能调度人机展现的主要特征，智能电网调度技术支持系统是建设智能调度的关键和基础。各业务基于一体化平台统一协调运转，如图 7-1 所示。

智能调度作为智能电网的大脑中枢，它能够增强输电网作为能源资源优化配置的载体能力，为一特四大（特高压、大煤电、大水电、大核电、大可再生能源）、分布式能源的接入提供技术支撑；能够增强电网运行监控能力、信息自由交换和随需访问的能力，增强特大电网的驾驭能力；能够提高大电网测控和参数辨识能力，挖掘电网输电能力；能够前瞻性主动安全防御，多周期、多防线安全防御，进行超实时电网仿真分析，基于能量平衡的自适应系统解列保护，能够增强输电网在线可靠性、安全性和风险评估。

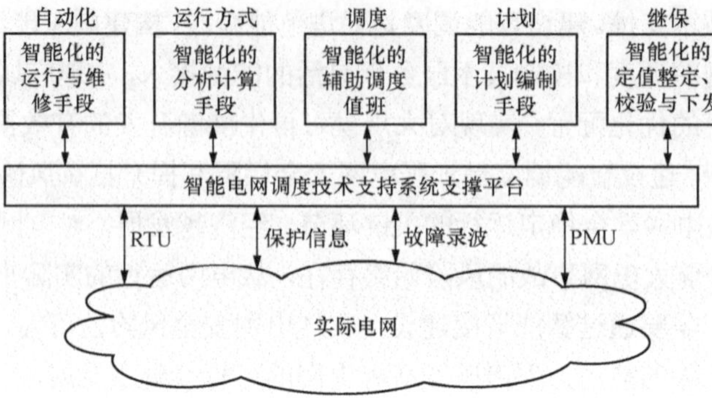

图 7-1　智能调度构架

RTU—远程终端单元；PMU—相量测量单元

7.1.2　智能调度已有技术实践和基础

智能调度的建设是在现有研究基础上的进一步提升。近年来，在新一代调度技术支持系统、调度四大应用平台、在线预警和安全协调防御技术、一体化模型管理技术、智能可视化技术、极端外部灾害下的调度防御技术等方面开展了大量的研究和应用，为不断提升调度的智能化水平打下了基础。

一、新一代调度技术支持系统的开发

2008 年以来，我国陆续开展了广域全景分布式一体化电网调度技术支持系统建设框架的研究，将大电网安全稳定运行、节能发电调度、调度管理和备用调度实际需求紧密结合，将电网实时监视和控制、分析预警和辅助决策、节能安全经济协调优化的调度计划、不同时序和空间的信息集成等强大的智能化应用功能集成在一起，旨在大大提高特大电网安全稳定控制水平和电网经济运行水平，提升电网管理和决策水平，为智能调度建设打下良好的基础。

二、智能调度高级应用的开发

智能调度高级应用主要围绕实时监控与预警、调度计划、安全校核、调度管理等几个方面进行研究和开发，以促进调度应用功能的智能化，显著增强驾驭大电网的能力，实现调度计划安全性和经济性的完美统一，并大幅提升电网管理和决策水平。

（1）实时监控与预警应用旨在提高智能电网的安全可靠性，实现对电网各级调度一体化的实时监控、动态监测、在线稳定分析、安全稳定预警、调度辅助决策、安全裕度评估等功能。

（2）调度计划应用则面向电网统一优化资源配置，进行发电调度计划、检修计划制订，满足统筹检修管理、优化资源配置的需要，并将调度计划由日前扩展到实时，进一步提高智能电网运行的经济性。

（3）安全校核应用全面综合考虑电力系统的经济特性与电网安全，将调度计划与静态和动态安全校核有机结合，实现电网运行经济性与安全性的协调统一，为保证智能电网的安全稳定和经济运行、实现资源优化配置提供可靠性保证。

（4）调度管理应用主要为了满足调度中心的规范化和专业化管理、精益化和指标化管理以及调度中心的纵向互联的需要，为调度中心对外提供各类功能和数据服务。

三、一体化模型管理技术

通过一体化模型管理技术的研究，为智能分析、决策应用提供一体化模型基础，解决因模型不完整而导致的稳态、动态、暂态分析预警；基于模型拼接技术，实现电网模、图、数在上下级调度间的 “源端维护、全网共享”，实现调度中心基于全电网模型的分析、计算、预警和辅助决策。此外，一体化模型管理还可以进一步扩充整合其他类型的模型，例如计划模型、经济模型、安全约束模型等。一体化网络模型管理平台提供了数据交换服务，可以获取完整的电网图形数据和实时断面数据，为智能调度各类应用功能提供准确完整的信息来源。

四、智能可视化技术

智能可视化技术实现了可视化技术从电网运行信息展示层面向电网分析结果和电网辅助决策结果可视化层面的飞跃。在传统的被动式 2D 图形监视模式中，越限和事故信息往往通过告警和事故画面等方式进行展现，调度员基于厂站图、地理接线图、图表、告警窗方式进行电网运行状态的监视，信息源零散、监视方式被动，无辅助决策，容易延误战机。在智能可视化模式中，构建了智能可视化支撑平台，实现了智能可视化的监视、分析、预警、辅助决策；颠覆传统的监视模式，实现电网正常运行时的全方位可视化薄弱环节预警及预案；实现事故中的可视化故障定位，直观提醒事故的发生；实现事故后的可视化事故恢复方案；涵盖了调度员值班全过程的人机界面可视化。

五、极端外部灾害下的调度防御技术

调度防御技术研究了外部灾害信息的接入、建模、展现、分析、仿真、预警和协调防御方法。通过预测信息，可以提前感知外部灾害信息，针对有可能发生的电网故障提前作出预案，在灾害面前化被动为主动，可以大大增强智能电网抗击外部灾害风险的能力。在极端外部灾害情况下，通过全局优化整定的控制策略和分布式控制装置，实施有序的主动减载、切机、解列等手段，避免电网无序崩溃，保障重要负荷供电，减小停电范围，并为电网后续的恢复控制、黑启动提供条件和执行策略。同时研究极端外部灾害下电网群发性相继故障风险预警与评估技术，电网安全预防控制和应急控制辅助决策技术等。

7.2 可视化技术在智能调度中的应用

我国电网已进入大电网、特高压、远距离、交直流并联输电的发展阶段，电力系统的动态行为日趋复杂，电力交易的规模和范围逐步扩大。目前的电网运行系统在日常监视运行和紧急处理时，缺少有效、直观的显示方式来表现复杂、大量的信息，缺少有效的可视化手段对各种应用的计算结果进行高效展示，缺少信息可视化手段进行信息挖掘与智能告警，缺少智能型调度手段，不能进行有效的紧急控制和恢复决策。因此有必要提供可视化的图形展示手段，为电力系统的监视控制、调度、分析、规划等提供有力保障。

可视化技术融合了计算机技术中的图形学、图像处理、数据管理、网络技术和人机界面等诸多分支，利用计算机图形学和图像处理技术，将数据转换成图形或图像在屏幕上显示，从而有利于正确理解数据或过程的含义。

7.2.1 可视化系统在智能调度中的功能

可视化系统在智能调度中应实现的功能如下：

（1）实现电网实时数据的收集，利用动态显示及二维图像对电网线路、节点电压及发电机有功、无功功率的实时信息进行形象表达。主要包括节点电压的等高线、线路的负载饼图、线路负载的等高线、动态发电机、动态潮流。

（2）利用动态三维图像对有功、无功功率备用的实时信息进行形象表达，如无功备用、变压器温度监控、变压器备用、三维旋转功能。

（3）实现电网线路对发电机、负载及节点电压对无功设备的灵敏度计算及三维排序显示。

（4）可视化图形的 Web 发布。对可视显示功能进行集成，通过专用隔离装置进行数据传输，在网络中进行 Web 发布，实现跨平台的数据共享。

（5）对历史数据的可视化进行回放、重演、评估。可视化系统具有事故追忆能力，能对历史数据进行回放、重演。与一般 SCADA/EMS 不同的是，可视化系统重演是在历史的网络拓扑上，图形与数据同时重演，运用历史数据追踪电网网损统计，并按周期进行对照分析，提供优化的策略，以可视化方式显示实时和历史指标。

（6）对依赖灵敏度方式的预控制方案进行可视化显示。灵敏度实际上是用于描述潮流方程变量之间的线性关系的量，可分析某些变量发生变化时，会引起其他变量发生多大的变化。

（7）关键线路低频振荡模式动态阈值可视化监视。根据同步相量测量单元（PMU）的数据，实时检测系统的低频振荡，计算出所检测线路的振荡频率和幅值，并在单线图和地理接线图上动态地进行展示。如果检测到低频振荡则单线图和地理接线图上相应线路就以振荡曲线的形式显示，并采用闪烁、变色、声音等进行违限预警；在无低频振荡的正常情况下，单线图和地理接线图上都以正常显示方式显示。当要关心某一线路低频振荡的细节时，可局部追踪和放大线路振荡细节，为防范这类故障的发生提供及时和形象的警示。

（8）任意断面潮流功率总加预警可视化。系统提供显示线路任意断面组合的功率总加，并将结果用柱状图表示的功能。该功能大大减轻了调度人员的工作强度，为调度人员迅速、准确地评估系统的运行状态提供了强大的技术支持。

（9）实时动态下电网运行的指标体系及电网静态脆弱性的虚拟仪表可视化表达。利用 SCADA/EMS 传递的实时数据对发电系统、输电系统、负荷及无功装置等的运行工况进行分类处理，然后根据其属性决定安全、临界状态、不安全等权重，应用模糊聚类的方法，客观评估整个系统的安全运行状态，并用模拟现实的虚拟仪表展示。

（10）电网的 $N-1$ 故障预警评估可视化。利用电网 $N-1$ 评估带来的电网运行态势变化评估，进行快速的电网 $N-1$ 故障排序、制定排序指标，利用分类规则分别对不收敛情况、可控情况等用三维立体表达。在线的 $N-1$ 分析使调度员对可能出现的故障作出提前的分析，有助于在真正发生故障时的判断和决策。

（11）电网水库及发电能力最大化的智能调度可视化。通过收集水电机组及相应水库的发电曲线、耗水曲线、最低水位限制等数据，实时计算水电机组按最大、最小、平均或自定义的发电出力的最大运行时间，用可视化形象表达水电机组出力的相应时间，便于调度人员全面掌握电网水力发电能力。对所有发电机组的发电能力进行立体排序，针对电网按正常运行方式和有新增负荷时电网可发电最大能力进行计算，用可视化技术来表达调度人员按安全目标调度的方法。

7.2.2　可视化系统的关键技术

在线可视化调度系统是一套基于大量信息，并对实时性要求很高的数据处理和图形处理高级分析系统。系统的实施过程中有多个关键技术需要解决。

7.2.2.1 可视化显示方案的确定

实际系统运行中，运行人员最关心的是系统整体的运行态势，即在当前运行方式下系统哪个方面最薄弱，或者在未来一定时间内系统哪个方面最薄弱。因此，应提出电力系统运行状态的分层显示方案，可视化系统第 1 层显示系统整体运行态势；构筑基于实时运行状况的分类指标和基于模糊聚类的全局预警指标，客观评估整个系统的安全运行状态。为了能清楚地监控电力系统的整体运行状态，可视化系统中的母线都是虚拟母线，用来动态表示可能的多段母线电压。可视化系统展示的电压为多段母线中越限情况最严重的一段的电压。第 2 层显示存在问题或运行人员所关心的宏观数据分析结果，如断面潮流、关键线路的低频振荡、$N-1$ 故障扫描、灵敏度分析结果等。第 3 层则用于显示设备的具体数值。调度人员在了解了系统的整体态势后，有时需要对某个具体设备和数据进行分析，因此可视化系统的所有设备都可以通过标签的方式显示具体数据。

7.2.2.2 基于分布式计算平台的各种数据源的匹配和统一

可视化技术实现的是将后台数据进行处理并在前台以图形图像的形式直观展示。基于网络计算的发展，在线可视化调度和预警系统的构架采用实时分布式计算平台的形式，以便图形和模型数据的传输、交互以及多用户的访问。

目前，由国调中心组织的电力系统互操作试验已经在各厂家之间展开，其中模型的交换已经确认为 CIM 模型，接口以 CIS 为基础，但图形的交换还没有形成。而且对于在线可视化系统，由于与传统图形的差别，每种设备图形增加了很多选项，如线路有流动属性，母线有电压等高线显示属性，变压器有温度、负载显示方法属性等，这些属性在常规的 SVG 格式中并不包含，无法提供特殊可视化显示，而且这些属性直接影响三维模式下的现实效果。现有的 SVG 格式不能支持大多数的可视化属性，应对 SVG 格式进行扩展，以满足实际的需求。同时，由于在线可视化系统的基础数据来源于多个其他生产系统，而且每个系统都可能由不同的厂家开发，每个厂家都有各自的命名规则，如果要重新修改命名，工作量极大，也不现实。因此，各种数据源的匹配与统一是实现可视化的关键技术。

7.2.2.3 高效快捷的图形处理

由于在线可视化调度和预警系统是实时系统，而且有丰富的图形界面，因此对计算速度和 CPU 的负载率要求很高。具有很快的计算速度和较低的 CPU 负载率是实现可视化调度系统的核心。当前比较有代表性的可视化系统主要都是以 OpenGL 为主要的开发平台，通过二次开发来实现可视化。这种方法能在很短的开发时间内实现可视化的效果。其主要问题是计算速度比较慢，而且在进行图形运算时，比如计算节点电压等高线时 CPU 的负载率基本是 100%，不适合在线的工程应用。

7.2.3 可视化系统的结构与特点

在线可视化调度系统的体系结构如图 7-2 所示。

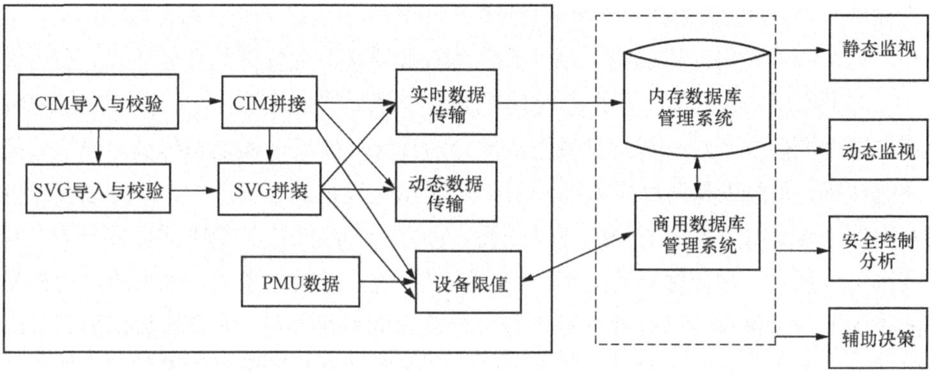

图 7-2 在线可视化调度系统的体系结构

可视化系统有如下特点：

1）一体化设计。系统的可视化功能采用新的可视化算法，使用绘图工具、数据库，直接在已有的系统潮流图上增加了动态潮流功能；对母线、线路、发电机等设备进行了抽象，根据设备定义从数据库提取出数据，实现等高线和棒图等展示。

2）高实时性和高可靠性。系统可视化展示的数据和普通图形的数据读取方式是一样的，使用的后台数据库是一致的，与后台数据库的通信使用的是同样的接口，数据刷新周期可以单独定义。这样既保证了数据刷新的实时性，又防止了可视化功能和其他监视功能互相干扰，提高了可靠性。

3）灵活性。系统在设计时充分考虑了用户的需求，同一个数据可以用不同方式展现，非常灵活。而且可视化功能和其他功能可以同时并存，也可以单独展现。

4）免维护。系统的可视化功能和其他监视功能使用的是同一套图形和维护工具，不需要进行图形转换就可直接显示，实现了免维护。

5）支持历史反演。由于采用一体化设计，可视化数据是从现有数据库取得的，所以历史数据反演时可以同时进行可视化展示功能。

7.3 云计算在智能调度中的应用

根据美国能源部的定义，智能电网应具有若干重要特征：有很强的自愈性，并能够抵御外来攻击；能有效支持大规模的间歇性可再生能源和分布式电源的接入；能保证供电的可靠性和电能质量；能促进电力市场的公平和有效运行；能促进用户参与等。要满足上述要求，未来的电力系统调度中心应具有强大的计算能力和信息采集、集成、分析功能。现有的集中式电力系统计算平台难以满足上述要求，这已成为制约智能电网实现的主要瓶颈之一。

电力系统分析与计算的特点是计算任务种类繁多且对实时性要求很高，在很多情况下，为了实现在线计算，不得不对问题的数学模型作大量简化，这样自然就牺牲了计算结果的准确性。对一些计算量很大的分析计算，如长过程动态仿真，通常只能进行离线计算，其结果是所产生的控制策略只对预先设定的工况有效，而难以应对各种突发事件。目前电力系统的分析计算一般依赖位于调度中心的集中式计算平台，对于大规模电力系统，其计算能力受限，且可扩展性差，升级成本高。未来的电力信息系统面临的另一个重大挑战是数据存储和分析能力的严重不足。现有的数据采集与监控（SCADA）系统在采集数据时一般止于变电站级别，且数据采样频率较低。在未来的电力系统中，不仅 SCADA 系统的采样频率需要明显提高，电力系统数据采集的范围也将大大扩展。相量测量单元（PMU）、智能电表，甚至各种智能家电的嵌入式系统都可能向调度中心提供大量的实时系统信息。由上述各种传感器所组成的数据采集网络所产生的数据量将是非常惊人的，以电力系统现有的信息处理能力将不足以完成对海量数据流的存储和分析功能。总之，电力系统现有的计算和信息处理平台不足以支持智能电网的实现，构建新的电力系统计算平台就成为值得考虑的重要问题。

云计算（cloud computing）是近年来得到快速发展的一种新的计算模式，是若干新计算技术的统称。到目前为止，对于云计算尚没有来自权威机构的标准定义。一般认为，云计算代表了一种基于 Internet 的大规模分布式的计算模式。云计算首先利用 Internet 将各种广域异构计算资源整合，以形成一个抽象的、虚拟的和可动态扩展的计算资源池，再通过 Internet 向用户按需提供计算能力、存储能力、软件平台和应用软件等服务。通过建立电力系统云计算平台，可以有效整合系统中现有的计算资源，为各种分析计算任务提供强大的计算与存储能力支持。云计算能支持各种异构计算资源，与集中式的超级计算机相比，其可扩展性很强，且可以在现有计算能力不足时方便地升级。此外，与传统的计算模式相比，云计算还具有便于信息集成和分析，便于软件系统的开发、维护和使用等优点。总之，建立基于云计算的电力系统核心计算平台，可以有效解决前述未来电力系统在计算和信息处理方面所遇到的一些重要挑战。

7.3.1　云计算的主要特征

由于云计算仍处于其发展的早期阶段，其定义还在不断地发展和完善之中。

与传统的计算模式相比，云计算有以下几个主要特征：

（1）能够整合大规模异构计算资源。传统的分布式计算一般仅能应用于一个小范围的计算网络（如局域网），且对计算资源的同构性要求较高，难以处理在计算和存储能力、操作系统、开发平台等方面存在很大差异的计算资源。而通过云计算则可以整合分布在一个广阔地域内的、分属于若干个组织的计算资源，形成一个功能非常强大的计算和存储平台。另外，云计算并不要求计算设备在硬件或软件上具有很强的共性，绝大部分计算设备都可以被整合成为云计算平台的一部分。

（2）易于动态扩展。可扩展性是云计算与传统计算模式相比的最大优势之一。由于云计算能够集成硬件种类、网络类型、操作系统、软件平台等各不相同的各种计算设备，因此，在需要时云计算平台的计算和存储能力可以得到方便和快速的扩展。与传统计算平台需要几天甚至几个星期的系统升级时间相比，云计算平台的升级一般仅需要几分钟，且可以在不影响系统整体运行的情况下动态进行。此外，云计算平台可以建立在现有的硬件基础上，在升级时也只需按照需求增添相应的设备，而不需要像升级传统计算平台那样将设备完全更换，从而可节省大量硬件购置成本。

（3）虚拟化与服务。虚拟化也是云计算的一个重要特征。无论一个云计算平台实际整合了多少计算设备，在用户看来其就是一个单一实体，也是获得计算服务的唯一接口。由于应用了虚拟化技术，云计算平台既可以将多个计算任务放在同一台功能强大的设备（如大型工作站）上运行，也可以将一个计算任务拆分成若干部分，分别在多台设备上运行。这样，就可以最大限度地利用系统内的闲置计算资源。此外，通过利用虚拟化技术，云计算平台可以根据客户的需求动态分配计算资源和构造系统平台。

（4）以 Internet 为基础的通信平台。与传统分布式计算不同，云计算通过 Internet 进行各个设备之间的通信。由于 Internet 已经有了非常成熟的标准、体系和技术，这在很大程度上保证了云计算系统通信的可靠性和安全性。

（5）有很强的规模经济效益。经济效益是推动云计算研究与应用的重要动力。现代电力系统中存在大量闲置的计算和存储资源。利用云计算可以将闲置资源整合，减少在信息设备上的投入。前已述及，在需要升级时，云计算平台的投资一般也大大低于传统计算平台。此外，目前各省级电力公司都有各自独立的计算平台，且功能非常相似。这造成了电力信息系统的重复建设和资源浪费。未来可以考虑将各个独立的计算平台进行整合，形成区域性甚至全国性的电力系统云计算平台。这样做可以大大减少整个电力系统在信息系统方面的投资。另一方面，也有利于促进各省级电力系统之间的协作和信息共享，实现大范围内电力系统的安全与优化运行。

7.3.2 电力系统云计算平台的架构

云计算平台是由通过 Internet 相互连接的多种设备和用户组成的一个复杂实体。从总体上讲，云计算平台可以分为两个主要部分，即云计算控制中心和被云计算平台整合的各种计算资源，其组成如图 7-3 所示。云计算控制中心的主要功能是根据用户的请求，将用户的计算任务分成若干子任务，再动态地将各子任务通过 Internet 分配给被云计算平台整合的计算设备。各子任务完成后，其计算结果将通过 Internet 重新汇总到控制中心，最后再反馈给用户。此外，云计算控制中心还负责将各种需要存储的数据通过 Internet 分配给各数据存储设备，并在需要时重新将数据从存储设备中读取出来。利用虚拟化和分割技术，上述计算和数据存储任务的调度分配过程对用户而言是完全不可见的。云计算平台为每一个用户都创造了一个完全独立的虚拟系统环境，因此，在每一个用户看来，自己都是云计算平台中唯一的用户。用户可以通过多种不同的终端，例如台式计算机、便携式计算机、手机甚至智能家电接入云计算平台，这让云计算平台的使用非常方便。

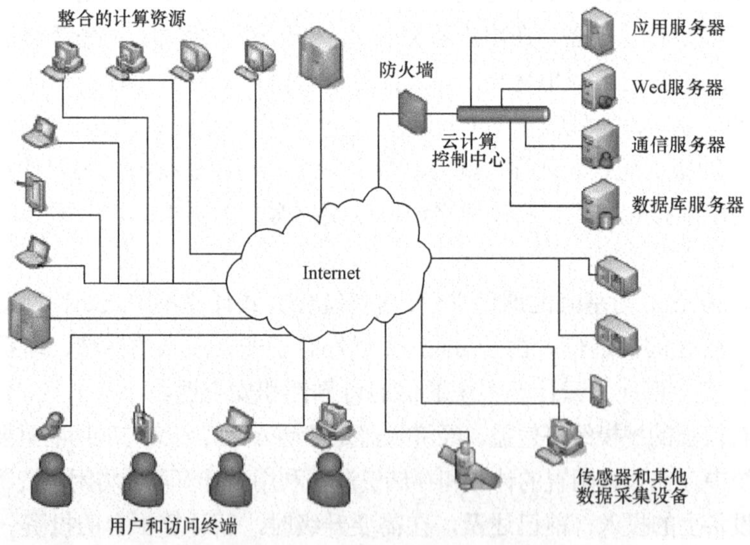

图 7-3 云计算的组成

云计算平台通过 Internet 与由大量传感器和其他数据采集设备组成的数据采集网络相连接。对电力系统而言，未来的数据采集网络既包括传统的 SCADA 系统的传感器，还可能包括 PMU 和安置在终端用户家中的智能电表，甚至是各种智能家电的嵌入式系统，这些装置能够提供全方位的系统信息。此外，电力系统云计算平台也可以和其他的数据源（如区域气象数据库）相互连接，以获取温度、湿度、风速、日照等数据。由这样一个大规模的网络所采集的数据量将是惊人的，只有凭借云计算平台强大的计算能力才能进行存储和分析。考虑到很多电力系统分析任务对实时性要求较高，可以考虑构造专用高性能网络来连接云计算平台和数据采集网络，以提高数据传输的可靠性。

电力系统云计算平台的系统架构如图 7-4 所示。

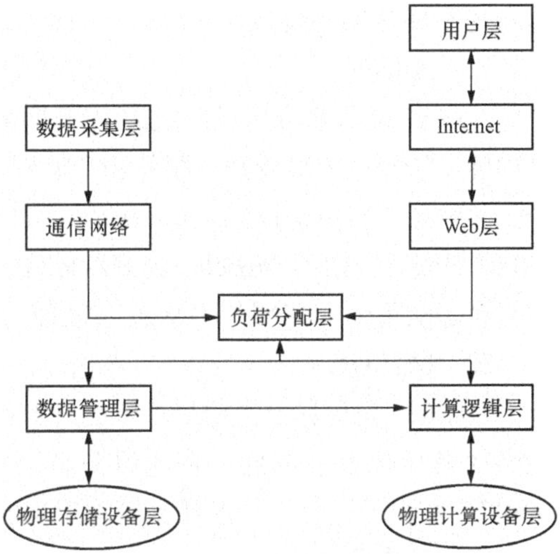

图 7-4　电力系统云计算平台的系统构架

从系统架构的角度看，云计算平台主要由 Web 层、负荷分配层（load balancer）、数据管理层、计算逻辑层（computing logic）、物理计算设备层和物理存储设备层组成。其中，Web 层负责实现云计算平台的 Web 站点，该站点是用户访问云计算平台的唯一接口。负荷分配层是云计算平台的核心部件，该层具有 4 个主要功能：将用户的计算任务划分成若干部分，并决定执行每一个任务的计算设备；将待存储的数据划分成若干部分，并决定相应的存储设备；将计算逻辑层返还的计算结果整合后，再反馈给用户；根据数据读取请求，指令数据管理层读取数据，并将数据整合后输出。计算逻辑层负责根据负荷分配层确定的计算任务分配方式，控制具体的计算设备进行计算，并在计算完成后返还结果。数据管理层主要控制数据存储设备进行数据读写操作。上述 4 层组成了云计算平台的软件部分。物理计算设备层和物理存储设备层代表了云计算平台所整合的所有物理设备，它们组成了云计算平台的硬件部分。

7.3.3　实现电力系统云计算的重要软件技术

一、面向服务架构

云计算的一个重要特点是可以在线扩展和升级，这就对软件的灵活性提出了更高的要求。面向服务架构（Service Oriented Architecture，SOA）是近年来发展迅速的一种软件设计方法。与在传统软件设计方法中以函数或类作为基本功能模块、以应用程序接口（Application Programming Interface，API）作为程序间通信手段不同，SOA 以服务为基本功能模块。与函数相比，服务代表更高层次的应用需求（例如，从读取数据库到打印数据报表的整个流程可以抽象成一种服务，而数据库的读取操作则只是函数）。SOA 根据用户需求，将每一种主要功能都包装成服务的形式，且各服务相互独立，仅以可扩展置标语言（Extensive Makeup Language，XML）进行通信。当任何一种功能需要更新时，只需要更换相应的服务即可。此外，基于 SOA 架构，可以将若干服务自由组合，以快速形成新的系统。

二、Apache

Apache 是目前应用最广泛的 Web 服务器端软件，它支持所有主流的 Web 服务器功能，如网站内容管理、服务器端编程、流量管理、网址重写（URL rewriting）、安全传输层（Transport Layer Security，TLS）和安全套接层（Secure Socket Layer，SSL）加密等。由于 Apache 为开源软件，其源代码完全公开并可以免费使用，因此可用于实现云计算平台的 Web 层功能。

三、MySQL

MySQL 是世界上应用最广泛的开源数据库引擎，具有高可靠性、高扩展性和完全免费等优点，因此，在超过数百万的网站和公司中得到了广泛应用。可用 MySQL 实现云计算平台的数据管理层功能。

四、动态负荷分配

负荷分配算法是云计算的核心，动态负荷分配（dynamic load balancing）已经被证明是一类较为有效的分配计算任务的算法。其基本原理是根据各个计算设备的计算速度快慢动态分配任务，计算速度快的设备分配的任务较大，速度慢的则分配的较小，以保证各计算设备基本上同时返还结果。对于大规模云计算平台，还可以考虑使用任务复制（job replication）的方法来提高可靠性，也即将每一个子任务复制若干份，发给多个计算设备同时执行，从而避免因为某个设备发生故障而需要重新分配子任务所导致的整体计算效率被拖慢的情况。

除了上面讨论的内容外，目前还存在多种可用于实现云计算的商用或开源软件技术，如 Google Map Reduce、Google File System（GFS）、微软的 Dryad/ DryadLINQ、开源分布式计算框架 Hadoop 等。

7.4　三维协调的新一代能量管理系统

7.4.1　能源管理系统技术发展

能量管理系统（EMS）是以计算机技术为基础的现代电力系统的综合自动化系统，主要针对发电和输电系统，用于各级输电网的调度中心，为电网调度工程师提供实时监视、自动控制和灵活分析电网运行情况的工具和手段。

回顾电网控制中心调度自动化系统的发展历史，大致可以分为以下几个阶段：

（1）1970 年以前，可称为 EMS 的早期阶段。特点是只有监控与数据采集（SCADA）功能，尽管眼耳手足齐备，但缺少实时网络分析功能，缺少大脑，需凭调度员的经验或利用离线计算工具进行分析决策。该时期的调度模式属于经验型。

（2）20 世纪 70 年代初到 2003 年前后，称为传统 EMS 阶段。特点是具有基于状态估计的实时网络分析功能，EMS 应用软件的出现被认为是将电网调度从经验型上升为分析型。

（3）时至今日，大多数国家的电网都已实现具有不同功能的 EMS 应用软件，传统 EMS 从出现到现在的广泛应用已有 40 多年历史。现在普遍使用的 EMS 高级应用功能和 20 世纪七八十年代相比，并无实质性改变。

随着大区域电网互联，运行方式越来越复杂，电网运行出现了新需求，EMS 面临着新挑战。互联电网全局上本来是一个整体，而传统 EMS 只分析自身相关区域的局部电网，即使使用外网等值也是离线进行的；电网承受大扰动后本来经历的是一个动态变化过程，而传统 EMS 却只进行在线静态安全分析，电网运行涉及的安全、经济、静态、动态、电压、功率因数角等各种问题本来是交织在一起的，是一个综合问题，而传统 EMS 却只能分别独立分析其中的部分问题，一是不全面，二是缺乏协调；电网运行复杂多变，不确定因素很多，需要计算机主动预报电网潜在问题，而传统 EMS 只在调度员请求时才进行分析；电网互联决定了需要在电网全局高度进行系统级的协调闭环控制，而传统 EMS 却只进行基于量测的反馈型自动发电控制/自动电压调节（AGC/AVR）闭环控制。

超级电网在空间、时间和控制目标三个维度表现出复杂性，作为超级电网决策中心和调度指挥司令部的控制中心 EMS 也必须与之相适应。因此，已有 40 多年发展历史的 EMS 从软硬件构架和功能内涵上都需要实质性变化，在这一背景下，国内外都在积极探讨发展新一代 EMS 的可能性。

7.4.2 新一代 EMS 的主要特征及关键技术

新一代 EMS 是自动预警型、计算机主动、自动运行的系统，是能适应电网在空间、时间和目标三个维度上的特点进行多方面协调的综合预警和智能辅助决策系统，是基于全局优化的实时闭环控制系统。表 7-1 列出了新一代 EMS 和传统 EMS 之间的主要区别。

表 7-1　新一代 EMS 和传统 EMS 之间的主要区别

项　目	传统 EMS	新一代 EMS
总体定位	人工分析型	自动预警型
运行模式	基于潮流断面	瞻前顾后，基于潮流变化过程
	调度员主动、人工请求驱动调度员潮流	计算主动，人机互动，自动跟踪，连续自动运行
	事故时报警，报警基于逻辑	事故前预警，预警基于网络分析
	事故后分析、总结经验	事故前分析
电网模型重建	基于本辖区局部电网模型，基于离线数据，人工外网等值	基于全局电网模型，跟踪电网变化，在线自动外网等值
	控制中心之间只有 SCADA 数据交换	控制中心有 EMS 网络模型分析交换
	电网模型交互无标准	基于 IEC 61970CIM/CIS 标准
分析决策	离线动态分析	在线动态分析
	单一目标，孤立分析	多目标协调，综合分析
	无在线电压稳定评估	有在线电压稳定评估
	无在线继保安全评估	有在线继保安全评估
	计算机只做分析，决策全靠调度员	计算机辅助决策，调度员决策依靠计算机
	用确定模型，只给出安全与否的二元模型	考虑系统不稳定性，给出安全评估
控制	基于 SCADA 量测数据	基于实时网络分析
	有、无功控制和网络安全分析分离	有、无功控制和网络安全分析同时建模优化
	最优潮流用于分析	最优潮流指导闭环控制
	基于当时断面，即时控制	瞻前顾后，进行不同时间、尺度控制之间的协调

续表

项　　目	传统 EMS	新一代 EMS
支撑平台	服务器主备模式	多微机集成模式
	软件设计面向过程，部分面向对象	采用组件技术和多智能代理技术
	基于图表的人机界面	三维可视化人机界面

新一代 EMS 的关键技术如下：

一、基于三维分解协调的体系设计

考虑空间、时间和控制目标三个维度的关联和协调，实现电网在线全局、实时闭环、综合预警和决策；突破传统 EMS 需要人工请求才分析的运行模式，采用自动、跟踪、递归、智能预警的运行模式；突破传统 EMS 侧重当前和历史数据断面，采用跟踪电网变化过程和发展趋势，遵循瞻前顾后原则的预测、预警、预防的分析决策机制。

二、电网模型重建

需要解决以下问题：空间维的全局电网模型重建、模型的拆分和合并，自动匹配不同子系统传来的电网模型，形成具有一致性潮流的全局电网大模型；多控制中心联网的联合培训仿真和反事故演习支持技术等；基于多区域电网控制中心实时网络分析的分解协调的理论和方法，实时跟踪电网运行状态变化，实现实时外网等值的自动生成，为了保证外网静态等值精度，需要自适应生成外部缓冲网；需要为外网动态等值生成合适数量的等值机，保留适当大小的缓冲网；需要用关口电量匹配方法以及关键状态量和操作事件的交互协调处理方法来实现联合培训仿真时上下级电网之间的协调。

三、综合分析、预警、决策

需要解决包括静态、动态、电压稳定以及继电保护和安全自动装置配合等多侧面目标的安全评估和综合预警问题；需要解决暂态稳定快速仿真计算、电压稳定快速评估、预防控制和紧急控制等辅助决策快速计算等关键技术问题；需要提取能够表征电网安全稳定水平的特征信息，实时评估电网脆弱程度，实现自动智能预警；需要进行严重故障的快速筛选和排序；更进一步，需要按照在线风险评估理论计算出预想事故集，实现运行风险的量化计算。

四、无功电压优化闭环控制

为实施全局电网无功电压优化控制，需要解决经济与安全的协调、局部电网与全局电网控制的协调等问题；需要进行空间上的无功电压控制分区；需要进行时间上的三级优化控制，实现慢过程的无功优化控制与快过程的安全控制之间的协调；需要实现安全、经济和优质等多目标的协调控制；需要实现大区电网与省级电网之间、省级电网与地区级电网之间无功电压控制的协调；需要进行连续控制变量与离散控制变量之间的协调；状态估计运行效果不佳时，需要采用实用的鲁棒性高的二级电压控制方法，降低对状态估计的依赖，提高控制的鲁棒性。

五、有功优化闭环控制

需要进行安全和经济的协调；进行日前发电计划、实时调度和AGC之间的不同时间尺度控制的协调；考虑负荷发展趋势进行瞻前顾后的协调控制；实现有功实时调度控制与网络潮流约束之间的协调；需要采用实用的鲁棒性高的实时调度控制方法，减少对网络分析的依赖度，实现多区域、多目标AGC的三维协调。

六、基于多智能代理和计算机集群的支撑平台

需要设计基于多计算机集群的硬件系统结构，并用多智能代理技术实现多计算机之间以及计算机中多计算任务之间的动态协调管理，均衡计算机系统负荷，保证基于网络的计算机集群的计算效率和运行鲁棒性，并实现三维可视化。

7.4.3 基于三维协调的总体设计思想

新一代EMS是基于图7-5所示的空间、时间和目标三个维度的协调来设计的。

一、空间维

电网在空间上的互联与电网分层、分区、分别独立进行运行调度和管理之间存在矛盾。建模时需考虑本辖区局部电网与全局电网间的协调，本辖区电网模型的维护和计算既要能分别、独立进行，又要与上级调度中心交换必要信息，使其独立进行的计算和全网统一建模的计算结果一致或相近。

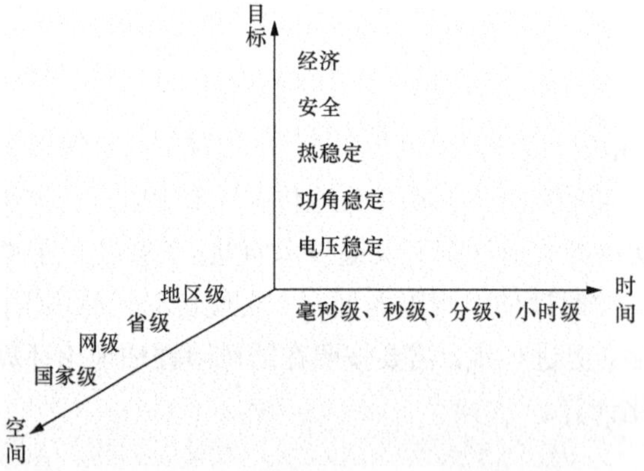

图7-5 电网三维分布示意图

二、时间维

电力系统中的物理量在时间变化上有快慢之分，因此，既要考虑稳态分析和决策（涉及代数方程），也要考虑动态分析和决策（涉及微分—代数方程）。对发电机的调度和控制在时间尺度上的表现也不同，经济性体现在长过程，安全性体现在短过程，需要进行不同时间尺度的协调。电网事件序列在时间上有先后之分，是一个过程，一个事件的结果是下一个待分析断面的初值，分析决策应递归进行。因此，新一代 EMS 的设计要能实时、跟踪、递归地反映不同事件之间的变化，持续进行 $N-1$，离线分析中 $N-M$ 的概念此处不再适用。

三、目标维

电网的运行控制有安全、经济、质量等多目标，这些目标可能相互制约，需综合协调。电网安全包括静态、动态、电压、功角等各方面，还有继电保护配合安全等，也需要统筹兼顾，进行全面的综合协调。

7.4.4　系统结构设计

新一代 EMS 从求解代数方程的稳态分析发展到需要求解微分—代数方程的暂态分析，这导致计算量发生数量级的变化；从人工分析为主发展到自动进行海量案例的扫描计算，导致模块众多且自动化程度更高。因此，新一代 EMS 在软硬件平台的支持方面也将发生实质性变化，由服务器的主备机模式发展为计算机集群的任务并行计算模式。相应的支撑软件也将发生实质性变化，由普通的客户服务器结构发展为多智能代理体系结构。

一、硬件体系结构

新一代电网 EMS 的硬件体系结构与传统 EMS 的主要区别是，不用主备机方式，而是采用 N 台安装了 Linux 系统的计算机组成的机群，形成分布式的实时并行计算平台，如图 7-6 所示。集群机中包括协调机和计算子机，各子机的计算任务由协调机分配，计算结果返回协调机综合。哪台机器承担什么任务由协调机上的协调调度软件管理，集群机中子机数量由计算量和实时性要求来确定。

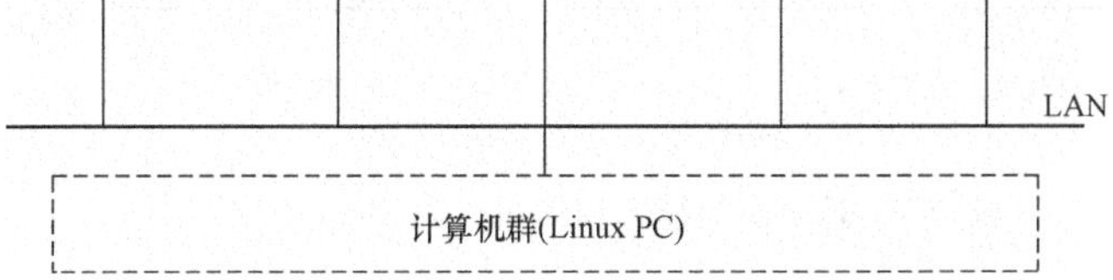

图 7-6　新一代电网 EMS 的硬件体系结构

二、基于多智能代理的软件平台设计

由于三个维度的每个维度内部和各个维度之间都需要协调，问题相当复杂，采用集群计算机实现海量计算就需要解决各子机之间任务的动态分配与协调、模型数据的网络同步、计算结果的汇总和发布以及异常事件的处理等复杂问题，还需要解决功能模块之间的协调、新增模块的自由插入/移出以及第三方软件的接入问题。新一代 EMS 应采用基于多智能代理系统的软件开发范式，采用一个开放分布式的、具有可插入式结构的软件框架。图 7-7 所示为基于多智能代理的新一代 EMS 软件结构。它分为核心框架（虚线框内）和主要应用模块（虚线框外，图中只给出了部分核心模块）两部分。其中，核心框架是负责系统通信和任务调度的协调层，是相对固定的；其余部分为计算分析决策和人机表达等应用模块，可以独立开发，方便地嵌入系统。在该框架下，系统各个模块层次分明，解耦性强，并且可以方便地把遗留的传统 EMS 集成到新环境中。多智能代理系统采用的是订阅/发布机制。图 7-7 中各应用模块都通过各自的适配代理与虚线框内的核心框架交互，订阅需要的服务。注意这里所交互的是消息而不是数据。通过核心框架的协调，使得各节点上都可以获得其他节点计算模块发布的服务，这种模式不需要知道应用模块的内部细节，解耦性好。

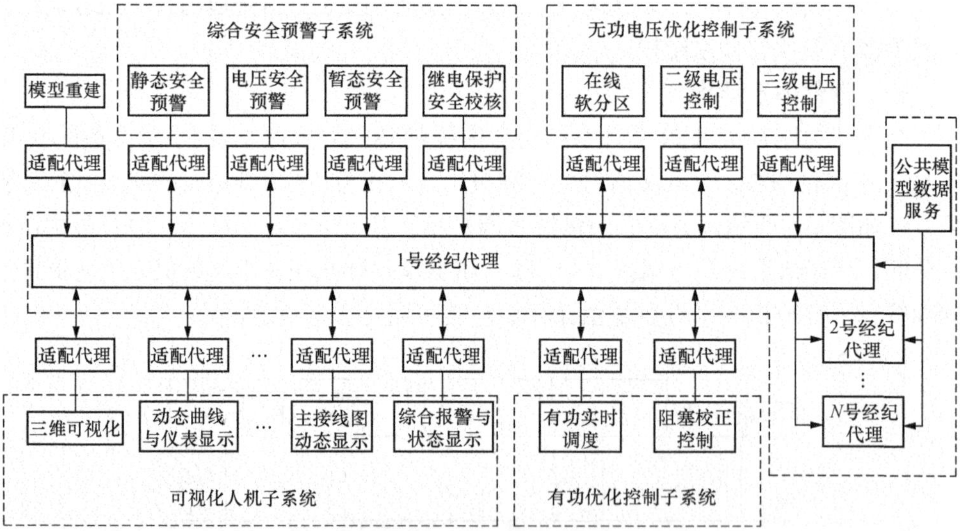

图 7-7　基于多智能代理的新一代 EMS 的软件结构

图 7-7 所示核心框架中的经纪代理是新一代 EMS 的神经中枢，负责信息服务

和任务调度，是协调层的核心。基于以上的软件构架，解决了时间、空间和目标三维分解协调所面临的海量计算和信息交互难题，在集群机上实现了新一代 EMS 实时、跟踪、递归和闭环的自动运行模式。

三、功能设计

图 7-8 所示为新一代 EMS（虚线框内）与传统 EMS 应用功能之间的关系。

基于传统 EMS，新一代 EMS 利用电网实时数据和互联电网各个子系统的模型进行全局电网模型重建，形成全局电网潮流模型。然后，在上一级电网调度中心自动跟踪地为下一级电网生成并下发外网等值模型，下级电网 EMS 进行实时网络分析计算，进行各种静态、动态和电压稳定计算以及闭环控制决策。经过电网模型重建，在全局电网模型基础上或者在使用了部分外网等值模型基础上进行电网在线安全稳定分析、预警和决策支持计算。在静态紧急情况下，利用校正控制算法立即给出解除静态紧急的控制决策；在正常不安全的警戒状态下，或者是直接进行预防控制，使电网回到正常安全状态，或者不立即控制，只给出预防控制决策信息，作为预案留给调度员在事故发生时使用。在正常安全状态下，执行基于全网模型分析的有功实时调度控制和无功电压优化控制，这两个控制都是协调了全局电网潮流约束后的闭环控制。

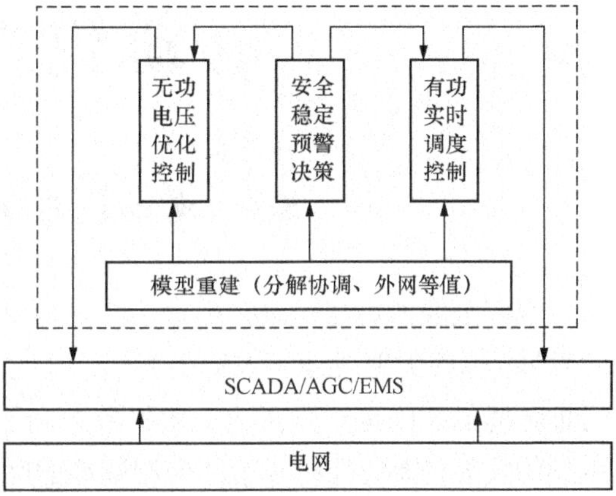

图 7-8　新一代 EMS 与传统 EMS 应用功能之间的关系

第 8 章

电动汽车技术

8.1　电动汽车关键技术概述

汽车工业的迅速发展，推动了全球机械、能源等工业的进步以及经济、交通等的发展，也极大地方便了人们的生活。但是，传统的内燃机汽车所固有的消耗能源、污染环境的缺陷也一直影响和困扰着人们的生活及社会的发展，随着社会的进步和科技的发展，随着保护环境、节约资源的呼声日益高涨，新一代电动汽车作为无污染、能源可多样化配置的新型交通工具，近些年来引起了人们的普遍关注并得到了极大的发展。电动汽车以电力驱动，行驶无排放或低排放、噪声低、能量转化效率比内燃机汽车高很多，同时电动汽车还具有结构简单、运行费用低等优点，安全性也优于内燃机汽车。

8.1.1　电动汽车蓄电池技术

电动汽车目前还存在价格较高、续驶里程较短、动力性能较差等问题，而这些问题都是和电源技术密切相关的，电动汽车实用化的难点仍然在于电源技术，特别是电池化学电源技术。电动汽车用电池的主要性能指标是比能量、能量密度、比功率、循环寿命和成本等。要使电动汽车具有竞争力，就要开发出比能量高、比功率大、使用寿命长的高效电池。目前面临的最关键的电池技术问题有以下几个：

（1）极低的电池能量密度。汽油的能量密度是 1.2 万 W·h/kg，而目前通常使用的铅酸电池能量密度不足 40W·h/kg。近年来，其他类型的电池，如空气电池等的开发虽有进展，但是在价格、性能、工艺性等方面欠成熟，近期无法实现量产。

（2）过重的电池组。尽管在车身设计方面采取了诸如玻璃钢车身等技术以尽可能减轻整车质量，但是，电池组过重的自身质量仍会使一部电动汽车的总质量较同样大小的内燃机汽车重。

（3）有限的续驶里程与汽车动力性能。由于电池的能量密度较低，电池组的质量过大，因此，即使电动汽车动力系统的效率很高，使用铅酸电池的电动汽车一次充电的续驶里程也只有 100km 左右。由于电池性能差，电动汽车的动力性能无法达到当前内燃机汽车的水平。

（4）电池组昂贵的价格及有限的循环寿命。一辆载容量 20 人的轻型电动客车电池组的价格高达 2 万元人民币，以现有电池的循环寿命（假定为 500 次充放电循环）计算，电动汽车行驶 4 万 km 就需更换电池，高昂的运行成本难以让市场接受。

（5）汽车附件的使用受到限制。由于电动汽车所能携带的电能有限，所以在车上对电能的使用必须注意节省，车内空调的选用必须充分考虑其对电动汽车续驶里程的影响。除此之外，动力转向、真空助力器、主动（半主动）悬架以及其他一些车载电器的使用也受到限制，因此，乘员的舒适性受到影响。

8.1.2 电动汽车充电站监控技术

对以蓄电池作为能源系统的电动汽车来讲，蓄电池充电机是不可缺少的子系统之一，它的功能是将电网的电能转化为电动汽车车载蓄电池的电能。电动汽车实现商品化所面临的挑战之一，就是如何使其用户在蓄电池电能用完之后，能够快速和方便地再充电。针对我国的国情，要缓解城市交通的压力，同时又要保护环境、降低城市大气和噪声污染，必然要大力发展电动公交系统，研制大功率的电动汽车用非车载智能充电机就成为必然的需求。目前新建的充电站普遍实行无人值班或少人值守，这就要求充电机的可靠性及自动化程度更高，功能更加完善，能够具有较高的免维护性。这样，使得分布式、模块化、智能化成为充电站的发展方向，而高性能的充电电源和高自动化程度的充电机监控系统是其中的关键技术。因此，对电动汽车专用充电机的监控技术进行研究，开发出电动汽车专用数字化充电设备，对我国电动汽车的发展和普及，将具有十分重要的理论意义和工程应用价值。

8.1.3 电动汽车电池更换技术

由于电池充电慢、充电站建设占地面积大等系列瓶颈，建设电动汽车电池更换式充电站在目前科技水平下具有广泛的可操作性。电池更换式充电站的建设变相解决了电动车推广的两大难题——电池制造技术和充电技术，但是电动汽车换电池也面临着电池体系的标准化、电池的流通管理等关键技术。

8.1.4 V2G 技术

电动汽车入网（Vehicle to Grid，V2G）技术就是电动车辆的能量在受控状态下实现与电网之间的双向互动和交换，是智能电网技术的重要组成部分。应用 V2G 和智能电网技术，电动汽车电池的充放电被统一部署，根据既定的充放电策略，在满足电动汽车用户行驶需求的前提下，将剩余电能双向可控回馈到电网。

随着智能电网相关工作的启动，V2G 正成为研究热点。据统计，乘用车 90% 的时间是处于停驶状态，V2G 描述了电动汽车在停驶状态下接入电网，并与电网实现能量与信息双向交换的关系，车载电池作为一个分布式储能单元，在电网负荷非高峰时段自动充电，在负荷高峰时段将部分能量回馈电网。数量庞大的电动汽车通过智能化电网平台实现规模化应用，用于电网储能和控制负荷、停电时的备用电源、削峰填谷等。因此推动电动汽车产业发展，引导夜间低谷充电，积极开发 V2G 技术，对于扩大电力终端用电市场，降低需求侧峰谷差，提高电力供需平衡和电力设备负荷效率具有重要的意义。

电动汽车技术是当前国际上正在研究的一项高新技术，随着机电技术、计算机技术、电化学技术及材料技术的迅速发展，电动汽车在研制、开发、商品化方面将会取得巨大的突破。中国的汽车工业正处于历史的转折点，如果在电动汽车开发的关键技术方面能够跟上时代的步伐并有所突破和创新，那么百年来赶上西方汽车工业的愿望就可能实现。

8.2 电动汽车蓄电池技术

8.2.1 蓄电池技术

到目前为止，电动汽车用蓄电池经过三代的发展，已取得了突破性的进展。

（1）第一代是铅酸电池，目前主要是阀控铅酸电池（VRLA），由于其比能量较高、价格低和能高倍率放电，因此是目前唯一能大批量生产的电动汽车用电池。

（2）第二代是碱性电池，主要有镍镉、镍氢、钠硫、锂离子和锌空气等多种电池，其比能量和比功率都比铅酸电池高，因此大大提高了电动汽车的动力性能和续驶里程，但其价格却比铅酸电池高。只要能采用廉价材料，电动汽车用锂离子电池将获得长足的发展，目前关键是要降低批量化生产的成本，提高电池的可靠性、一致性及寿命。

（3）第三代是以燃料电池为主的电池。燃料电池直接将燃料的化学能转变为电能，能量转变效率高，比能量和比功率都高，并且可以控制反应过程，能量转化过程可以连续进行，因此是理想的汽车用电池。

表 8-1 所列为各种车用电池的性能比较。

表 8-1　　各种车用电池性能比较

电池类型	比能量（W·h/kg）	比功率（W/kg）	能量密度（W·h/L）	功率密度（W/L）	循环寿命（次）
铅酸电池	35	130	90	500	400～600
镍镉电池	55	170	94	278	500 以上
镍氢电池	80	225	143	470	1000 以上
锂离子电池	100	300	215	778	1200
燃料电池	500	60	—	—	—
飞轮电池	14	800	—	—	25 年

从目前车用电池的发展来看，镍氢电池可能是电动汽车动力能源的首选电池。它已经规模化生产，性能稳定，质量比、体积比功率、电池寿命和重复充放电次数方面均已达到美国先进电池联合会（USABC）性能指标。从产品规模化、生产程度和发展前景看，镍氢电池有可能成为电动汽车车用电池的潜在竞争者，其容量大、体积质量小的优点正符合现代电动汽车的要求。另外，燃料电池的应用前景乐观。随着电化学技术的进一步发展，燃料电池可能成为电动汽车的主要能源之一。其他尚在实验阶段的电池如飞轮电池、太阳能电池，有着寿命长、环保等优点，在未来的车用电池中也必将占有一席之地。

8.2.2　电动汽车蓄电池管理技术

一般认为电池管理系统（BMS）主要有如下功能：电池状态参数采集（包括温度、电压、电流等）；电池荷电状态（State of Charge，SOC）的准确估计；不健康电池的早期诊断；对电池组安全运行进行全面监控，如防止电池的过充电和过放电等。由于电动汽车蓄电池组通常是由几十个（上百个）单体电池组成，所以每一个单体电池的工作状态正常与否不仅反映电池组性能的好坏，而且影响电池组的容量及剩余能量。实践表明，电池组的容量是以其中状况最差的那一块电池的容量值为准，而不是以平均值或额定值（初始值）为准。当电池的实际容量下降到其本身额定容量的 90%以下时，电池便进入衰退期；当电池实际容量下降到原来的 80%以下时，电池便急剧衰退。整组电池充电的特性是，如电池组内有一个或几个内阻变大的老化电池，其容量必然变小。充电器给电池组充电时，老化电池因容量小，将很快充满。充电器会误以为整组电池已充满而转为浮充状态，以恒定电压和小电流给电池组充电，其余状态良好的电池不可能充满。所以，在电动汽车运行过程中，如不及时检测，找出老化电池给予调整，电池组的容量将变小，寿命将缩短，影响整个电池组的高效安全运行。

电池工作状态的检测由电源管理系统完成，而电源管理系统的其他功能（包括剩余能量的计算）都是建立在电池工作状态检测的基础之上的，研究蓄电池组工作状态检测方法对电动汽车的发展具有非常重要的意义。

BMS 的主要工作原理可简单归纳为：数据采集电路首先采集电池状态信息数据，再由电子控制单元（ECU）进行数据处理和分析，然后根据分析结果对系统内的相关功能模块发出控制指令，并向外界传递信息。湖南大学研发的电动汽车（EV-3 号）采用的 BMS 结构示意图如图 8-1 所示。该电池管理系统由电池监测系统、SOC 系统、数据显示系统三部分构成。传感器、电池监控系统和 SOC 系统构成底层系统，数据显示系统为上层系统，系统之间通过内部 CAN 总线通信。

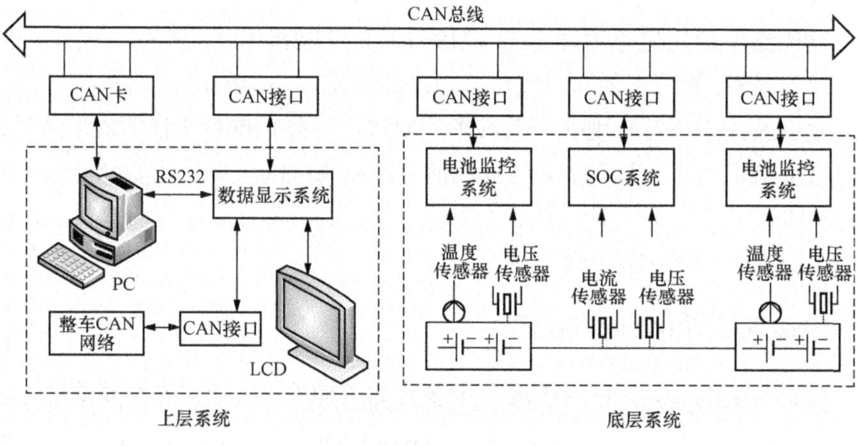

图 8-1　BMS 结构示意图

现在国外正在开展基于智能电池模块（SBM）的 BMS 研究，即在一个电池模块中装入一个微控制器并集成相关电路，然后封装为一个整体，多个智能电池模块再与一个主控制模块相连，加以其他辅助设备，就构成一个基于智能电池的管理系统。该 BMS 成功实现了对每个电池模块的状态监测、模块内电池电量均衡和电池保护等功能。美国 Micron 公司开发的军用电动车辆 BMS 采用的就是这种结构。

8.2.3　蓄电池组工作状态检测技术

电动汽车的蓄电池组通常要包含几十只甚至上百只单体电池，电池组一般都采用串联方式工作，工作电流与单体电池是一样的，检测比较容易，而端电压的检测则比较麻烦。若只检测电池组的端电压，方法很简单，只需在电池组的两端接上检测电路即可，但这样做是不行的，因为虽然可以得到总的工作电压，但无法判断具体某只单体电池的端电压，而只要有一只电池出问题就会影响整组电池的正常工作和性能。另外，对检测电路精度要求高。整组电池检测很难发现单体电池的缓慢变化，包括单体电池本身的老化和因单体电池一致性问题而带来的积累效应。整组检测无法检测电池及电池组的实际容量，无法筛选其中已老化的电池。有效的方法是检测每一只单体电池，但对于串联形成的电池组，要自动检测每只单体电池的端电压所遇到的主要问题是测量参考点的选择以及检测电路与被检测电池组的电隔离问题。电位参考点的选择不仅影响测量精度，还对测量电路的测量范围提出了很高的要求。被检测电池组与检测电路的隔离不仅涉及系统的安全，还影响检测电路的复杂度和可实现性，目前采用的主要是分布检测和集中检测两种方法。

一、分布检测法

所谓分布检测法，就是将单体电池电压及温度的检测模块化、本地化，然后再通过一定的通信手段将这些检测模块检测到的数据集中起来，最后统一处理。这样做的目的就是要解决集中检测方法所存在的种种问题。图 8-2 所示是分布检测法的原理。这种技术具有连线简单、测量精度高的优点，同时解决了参考点问题，但是应用分布式检测技术还须解决以下几个问题：

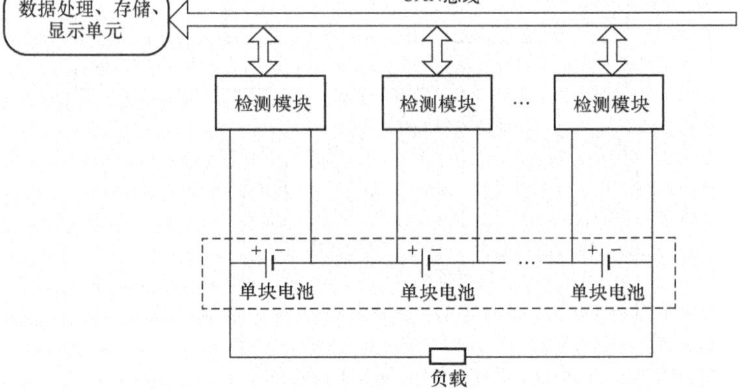

图 8-2　分布监测法原理

（1）由于检测模块直接从被测电池上持续取电，不利于节能和安全。

（2）当电池较多时，模块数量也多，使得成本和复杂度提高，并且要求通信总线有较高的带载能力。从功能上看，检测模块主要由检测子模块和通信子模块两大部分组成。检测子模块要完成数据的采集和调理任务，而通信子模块则要沟通与主控电路的信息交流，接收主控电路的指令，上传由检测子模块提供的检测数据。因为汽车电器的发展方向是采用 CAN 总线技术，所以通信子模块与主控电路之间应该采用 CAN 总线连接。

二、集中检测法

集中检测法（见图 8-3）是用一套检测电路分时检测各个单体电池。这种检测技术比较直观，为了检测每只电池的电压，需要将每只电池的电压信号引入检测设备（如果蓄电池组由 *N* 只单体电池组成，需要引 *N*+1 条检测线），采用多通道切换的技术，即通过开关器件（继电器）把多只单体电池的电压信号切换到同一个差分放大器，经信号处理后用一个 A/D 转换器进行采样。“开关切换”动态地改变了参考点，保证每次测量都是一只单体电池的端电压；而差分输入则保证了电池组与检测电路不共地，虽然没有做到全隔离，但比共地连接要安全。另外，因电动汽车要求的电流较大（几十到几百安），所以对电池组充/放电电流的检测，一般采用非接触式电流传感器或变送器来实现。这种方法主要有以下缺点：

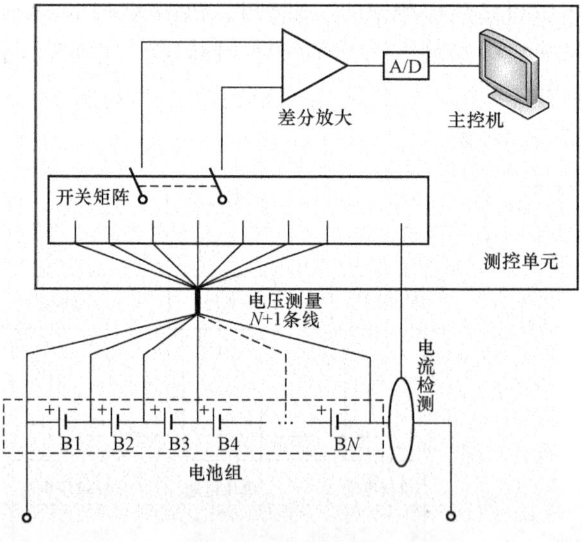

图 8-3 集中检测原理

（1）由于需要把蓄电池组中每只电池的电压信号引入检测设备，因此，如果引出的导线发生短路或破损将直接影响蓄电池组的安全。

（2）由于引入检测设备的电压信号线较多，且这些信号线必须完全按蓄电池组的电压顺序连接到检测设备上，否则将损坏检测设备，因此，加大了接线难度和复杂度。

（3）引线较长，不但容易引入干扰，而且因为线路阻抗较大，直接影响测量精度。

三、集中/分布式检测法

电动汽车的电动机工作电压较高，一般取 300V 左右，而动力型铅酸电池的电压多为 6V 和 12V，锂离子电池、氢镍电池等电压更小（4、1.2V），所以，电池组的电池个数比较多。比如选用 12V 铅酸电池提供 288V 驱动电压，则需 24 块电池。如果为每块电池配一个检测模块，除了增加成本外，系统的可靠性也会下降。另外，如果数量再增加，则 CAN 总线的容量就不够，目前 CAN 总线允许的节点数为 110 个。为此，我们提出局部集中、整体分布的检测思路，即将全部电池分成若干个小组，每个小组用一个检测模块进行“集中式”检测，整个系统由若干个检测模块通过 CAN 总线连接而成。简言之，集中/分布式检测系统的实质就是检测单元部分模块化、本地化，数据靠总线传输，其原理如图 8-4 所示。

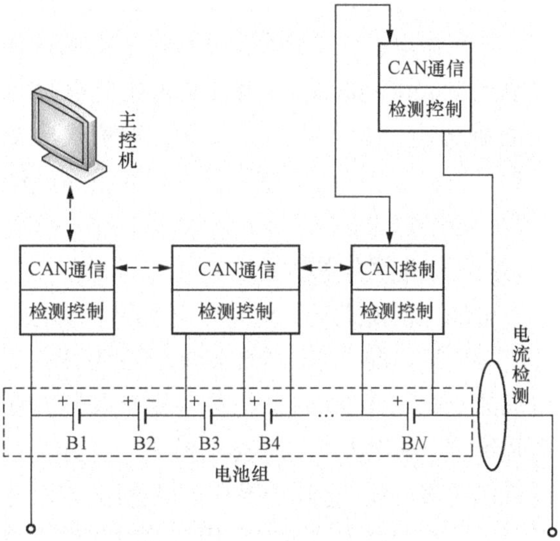

图 8-4 集中/分布式检测法原理

集中/分布式检测除了具有前两种方式的优点之外，还有以下主要优点：加强了组建系统的灵活性和扩充性；增加了系统的可靠性；具有较高的性价比。

8.3 电动汽车充电站监控系统

8.3.1 电动汽车充电模式简介

根据电动汽车动力电池组的技术和使用特性，电动汽车的充电模式存在一定的差别。对于充电方案的选择，当前纯电动车充电模式主要有常规充电、快速充电和电池更换三种模式。

一、常规充电模式

在蓄电池放电终止后，应立即对其充电（在特殊情况下也不应超过24h），充电电流相当低，约为15A，这种充电叫做常规充电（普通充电）。常规蓄电池的充电都采用小电流的恒压或恒流充电，一般充电时间为5～8h，甚至长达10～20h。常规充电模式由于所用功率和电流的额定值并不关键，因此充电器和安装成本比较低；可充分利用电力低谷时段进行充电，充电成本相对较低；可提高充电效率和延长电池的使用寿命。常规充电模式的主要缺点为充电时间过长，当车辆有紧急运行需求时难以满足。

二、快速充电模式

常规蓄电池的充电方法一般时间较长，给实际使用带来许多不便。快速充电电池的出现，为纯电动汽车的商业化提供了技术支持。快速充电又称应急充电，是以较大电流在电动汽车停车的20min～2h短时间内，为其提供短时补电服务，一般充电电流为150～400A。快速充电模式充电时间短，一般可以在短时间内使电池储电量达到50%～80%。相对于常规充电模式，快速充电模式仍不够成熟。快速充电模式对电池、充电设备的制造技术要求较高，并且会对电网造成不利影响，安全方面存在一定的隐患。

三、电池更换模式

电池更换模式又称地面充电系统，即电池组快速更换系统，也称机械充电，通过直接更换电动汽车的电池组来达到为其充电的目的。由于电池组质量较大，更换电池的专业化要求较强，需配备专业人员借助专业机械来快速完成电池的更换、充电和维护。利用电池更换充电模式，电动汽车用户可租用充满电的蓄电池，更换已经耗尽的蓄电池，有利于提高车辆使用效率，也提高了用户使用的方便性和快捷性。对更换下来的蓄电池可以利用低谷时段进行充电，降低了充电成本，提高了车辆运行经济性。从另一个侧面来看，也解决了充电时间乃至蓄存电荷量、电池质量、续驶里程长及价格等难题；可以及时发现电池组中单电池的问题，对于电池的维护工作将具有积极意义。电池组放电深度的降低也将有利于提高电池的寿命。这种模式应用面临的几个主要问题包括电池与电动汽车的标准化、电动汽车的设计改进、充电站的建设和管理以及电池的流通管理等。这种模式适用条件为：车辆电池组设计标准化和易更换；车辆运营中需要及时更换电池来满足运行，充电站中电池充电和车辆可实现专业化快速分开；由于电池组快速更换需要专业化进行，因而电池组快速更换模式只适用于专用的充电站。

综上所述，以上各种充电模式各有其特点和适用范围。因此，在应用中可以将上述各种方法进行有机结合，以达到实际的行驶要求。

8.3.2 电动汽车充电站建设模式及监控对象

电动汽车充电站是保证电动汽车正常使用的能源基础服务设施，结合电动汽车的发展趋势以及电动汽车电能供给的典型方式，未来电动汽车充电站建设主要有如下3种典型模式。

一、模式一

在住宅小区或者商业大厦的专用停车场安装一定数量的智能充电桩和少量的智能地面充电机。智能充电桩提供220V或380V交流电源接口，智能地面充电机为电动汽车提供应急充电服务，适用于小型纯电动汽车、可外接充电式混合动力电动汽车等。如图8-5所示，系统主要监控对象是大量具备交流输出接口的充电桩和少量智能地面充电机，并与电动汽车进行部分信息交互，以及上送相关数据给上级集中监控系统。

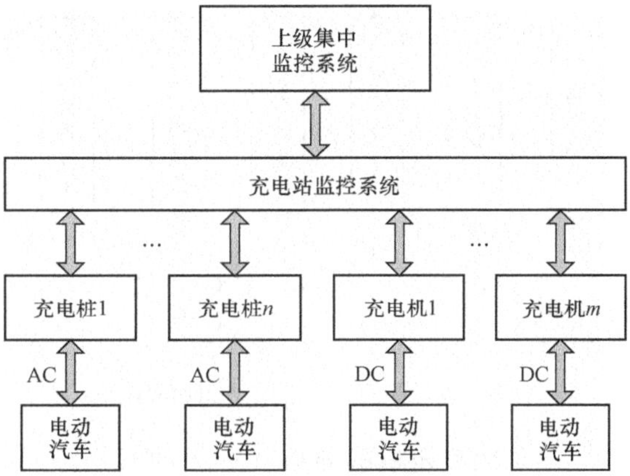

图8-5 模式一充电站功能结构图

二、模式二

在专用停车场安装一定数量的智能地面充电机，直接连接电动汽车上的专用充电接口为车载电池充电，适用于有专用停车场的车辆。如图8-6所示，系统主要监控对象是大量的智能地面充电机和站内配电设备，需要采集电动汽车和电池组的充电过程数据，与上级集中监控系统进行信息交互。

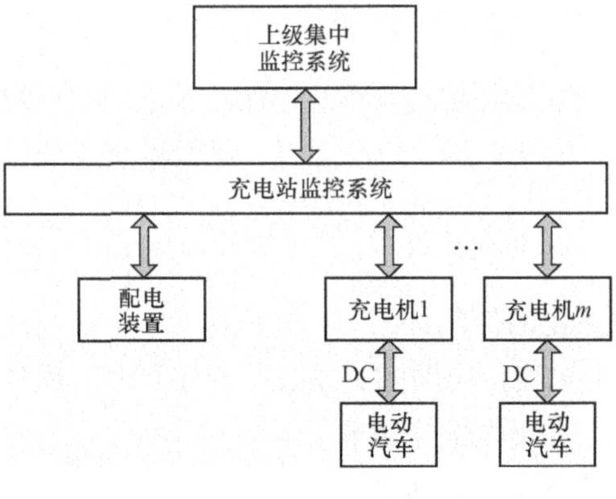

图8-6 模式二充电站结构功能图

三、模式三

即电池更换站模式，站内安装有直接为动力电池充电的充电机和直接为电动汽车充电的应急充电机，配备电池快速更换设备和电池架，配有专用配电系统（含谐波治理设备），能够为纯电动汽车提供电池更换服务。适用于一次充电续驶里程不能满足日常行驶需要而需频繁充电的车

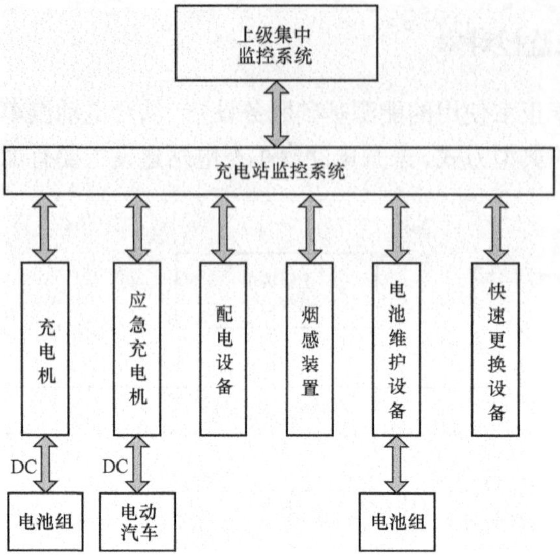

图 8-7　模式三充电站结构功能图

辆。如图 8-7 所示，其主要监控对象是充电机及其连接的电池组、应急充电机及其连接的电动汽车以及站内配电设备、烟感装置、电池维护设备和快速更换设备等，还要与上级集中监控系统进行信息交互。

8.3.3　充电站监控系统功能

一、对充电桩的监控

监视充电桩交流输出接口的状态，如电流、电压、开关状态、保护状态等；采集与充电桩相连接的电动汽车的基本信息；控制充电桩交流输出接口的开断。

二、对充电机的监控

充电机作为被监控对象，上送给监控系统的数据主要包含两类：

（1）充电机状态信息。包括输入/输出电压、电流、电量，功率因数，充电时间，当前充电模式，充电机故障状态等。

（2）电池状态信息。包括电池组基本信息，电池单体电压、温度，电池故障状态、电池管理系统设置信息等。

此外，在电池组状态信息部分，系统还需要根据采集到的电池单体的电压、温度等信息，计算出电池组内单体最高电压、最低电压、最高温度、最低温度等统计信息，供告警系统使用。

对充电机的控制功能主要包括：

（1）对充电机充电开始、停止、紧急停止的控制。

（2）充电机充电模式的调整。根据充电机连接电池的类型及其充电特性，操作人员可通过图形画面调整各阶段充电参数，并下发给充电机。

（3）向充电机及其连接的电池管理系统下发对时命令。

三、配电监控功能

实现对电动汽车充电站配电设备的监控，方便统一管理和数据共享，可实现对整站的总功率、总电流、总电量、功率因数、主变压器状态、开关状态、无功补偿及谐波治理设备的监视和控制。

四、烟感监视功能

在模式三类型的充电站中，为了保障电池充电安全，除了通过电池管理系统监视电池电压、温度之外，还在电池充电架中安装了烟雾传感器，用于探测锂离子动力电池因过充导致电池自燃而释放出的烟雾。这些传感器接入充电站监控系统后，和充电监控功能（特别是在电池管理系统失效时）一起保障电池充电的安全。

五、电池维护监控功能

在大型综合充电站中，当电池使用了一段时间之后，由于电池组中的电池模块可能存在一致性的问题，需要通过专门的电池维护设备对电池进行维护、评估，来决定是否对电池进行重新配组。在这个过程中，首先通过系统平台调出充电监控子系统保存的电池历次充电历史数据，进行对比分析，找出需要维护的电池组，再通过专用的维护设备对电池进行维护。在维护过程中，系统将采集到的维护数据存入充电站监控系统数据库，形成电池的完整数据档案，便于对电池进行整体评估。

六、快速更换设备监控功能

在具备电池快速更换设备的充电站中，充电站监控系统可采集快速更换设备当前轨道位置、设备状态等信息，可通过充电站监控系统对电池快速更换设备下发具体电池更换命令，让快速更换设备在指定轨道位置更换电池架上指定位置的电池组。

七、系统数据交换与转发功能

随着城市内电动汽车充电站的逐渐增多，电动汽车能源供给运营商需要对分布在城市一定区域内的电动汽车充电站进行状态监控。充电站要与上级集中监控系统进行数据交互，上送本地总加数据等实时信息；上送电池系统充电历史数据信息，用于对电池数据进行集中分析和评估。

8.4 电动汽车电池更换式充电站关键技术

电动汽车虽然作为战略性新兴产业而被国家大力扶持，但由于电池充电慢、充电站建设占地面积大等系列瓶颈，发展较为缓慢。电动汽车充电正在尝试由“充”向“换”的转变，该模式以换电池为主、插充为辅，集中充电、统一配送。这种换电池模式具有较好的盈利前景，且能够破解充电站建设过程中占地面积大、成本高等问题，但更大规模推广尚需汽车电池标准的统一。这种以“换”为主的模式，盈利点在于大多是在夜晚用电低谷时给电池集中充电，白天再将这些充满电的动力电池配送到各个充换电站。夜间充电成本较低，还可以减小电网用电负荷的波动幅度，赚取差额，使用者无需付电池费用，只需缴纳充电涉及的电费即可。

8.4.1 电池体系的标准化

日用小电器上的充电电池因为都是标准型号的，可备两套，没电时可换上另一套充好电的，就像液化气罐用空后可换一个满罐一样，人们并没觉得不方便。同样道理完全可以用在电动汽车上，而且这应是在短期内从根本上解决电动汽车发展中的“瓶颈”问题的唯一方法，并可为其未来技术升级换代铺平道路。此方法的关键就是电池与电动汽车的标准化，尤其是接口标准的制定以及电池的可快速更换，并在各地广泛设立为电动汽车换电池的充电站。这些工作必须有全社会的统筹规划，需要政府机构主持协调管理和大力推进，并广泛深入地宣传。电池问题的解决对电动汽车发展的推动作用要比只用限制排放及搭配销售等行政手段的作用大得多。如果换电池能像用空瓶换啤酒或用空液化气罐换满罐一样很方便地办理，那么电池问题就基本上解决了。因为这从另一个侧面解决了充电时间乃至蓄存电荷量、电池质量、续驶程长及价格等难题。现在面临的最大障碍将不再是技术上的，而是管理上的，这种统筹规划上的管理创新与进步是社会发展的必然趋势。其中要解决的几个主要问题是电池与电动汽车的标准化、电动汽车的设计改进、充电站的规划建设和管理以及电池的流通管理等。电池的接口电压为 12V 的整数倍，每组电池的长宽高应有一系列（3～5 种即可）的标准规格，电池的电极端子接口方式、接头规格和位置也应制定统一的标准。另外，为了更换电池的方便及防止磕碰磨损，对电池的包装或捆扎方式应规定要求，要考虑到吊挂、固定、搬运的方便及防护等。对各种类型电池的最佳充电方式及常用快速充电方式的各种参数要求也应制定标准，以便能对充电器电路及程序进行合理设置维护，利于使用。对各种不同型号的电池蓄存的电荷量也应制定标准，对铭牌上额定蓄存电荷量进行管理（可分若干级别），进而对有关电池内部品质的各种生产工艺及技术参数进行监督控制，对生产企业进行技术水平及品质管理系列标准检验，通过颁发检验证书、生产许可证、产品检验标志及合格证和确定保修期限等手段来规范生产及流通企业，以保证流通中的电池品质都能达到要求。另外，对不同电池的定期检验及报废的标准和年限要制定管理制度。即使在短期难以实行电池在全社会流通更换的情况下，电池的标准化及易更换也是非常重要的。通过标准化工作，就可使电池的研究开发、生产和流通成为电动汽车生产使用发展中的一个相对独立的环节，能够集中到专业化的厂商和机构中去解决，并且电动汽车用户还可随时通过对车载电池更新升级的办法来提高车的性能，甚至飞轮电池或燃料电池都可能通过标准接口装入普通电动汽车。

为电池制定的外部标准同时也是为电动汽车及充电站制定的，因此应通盘考虑、统一实施。除了与电池接口的电压、接头方式、规格和电池栅格的大小规格配套外，车上还应有电压、电荷量、电流测量及剩余电荷量可驶程长估测显示等必要装置，以及对应充电站用及家用，包括常规市电等不同插头的外接电源充电装置。为适应电池的快速更换，应专门设计电池箱，尤其是箱盖、装夹固定方式等，甚至可以在盖上盖的同时便自动接通接口端子，并对漏液、碰撞等情况采取防护措施，防止意外损害。例如，轿车电池一般可置于前箱或后箱等方便之处，也可前后箱都有，或置于底盘中部，并设计类似抽屉的可滑出装置；货车电池置于可翻转驾驶室或货箱下等。为推进标准化工作，车用电动机的规格标准要形成系列基本型号，满足使用和大批量生产要求。通过标准化及社会流通更换等手段解决了电池问题后，衡量电动汽车性能及品质的最重要指标将不再是一次充电行驶程长，而是程长耗电荷量或电荷量行驶程长、电池箱的容积、最高车速、加速性、载客（质）量、舒适性及行驶性等指标。

8.4.2 电池更换式充电站的规划建设

最初的充电站应由政府机构组织设立。充电站主要组成部分有：

（1）停车场及电源插头。为满足使用自带电池和不急于更换电池的顾客的充电需要，应开辟车辆充电停放地及相应电源插头。同样，在其他各地停车场也应设置带电能表计费的充电接头，使用后交付停车费及电费，这种电费要比换电池电费略便宜些。

（2）电池更换及周转接待处。蓄电池质量重，更换须用半自动小型吊车或吊架装置，可由现有汽车修配厂等处常用的类似设备改装或专门设计批量生产。电池须用专门的（多层）周转车或传送带运送进出充电库房，在专门台架上或周转车上接上电源充电。

（3）电池充电及存放的库房。充电站内可采用计算机控制的大型充电设备，可同时为几十至几百个不同型号电池按各自最佳的标准化电流程序同时充电，手动或自动识别电池种类，按电荷量计费。小型充电站可采用较简单的充电设备，但必须保证能对各类型电池充足电。

（4）工作人员休息和操作监控室及车辆检修站。由于电池的易取放也使充电与修车能很方便地分开同时进行。由于更换电池相对于快速充电来说更加节省时间，因此电池更换式充电站可节省一定的停车空间，而这对于在寸土寸金的城市里的推广建设来说，具有很重要的意义。电动汽车充电站的分布可以参考 GB 50220—1995《城市道路交通规划设计规范》中的加油站服务半径规定，结合电动汽车自身的运行特点以及各区域的计算服务半径按实际需要设定。由于各交通区域的交通密度不一样，反映充电站网点密度的服务半径也各不相同。充电站费用的收取原则上按照充入电池的电量来计算。通常生产厂家应在铭牌上标明电池电荷量，管理部门对各型号电池所充电荷量的额定值与最低值也应作出规定，电荷量已达不到最低限额要求的电池应做报废处理，这样就可以按不同电池的额定电荷量值收费。一般用户可用车上电压表等仪器按电池充电电压特性直接测量出是否充足电，在行驶中则可准确测量出其输出的电荷量。

8.4.3 电池的流通管理

应根据蓄电池本身性能及寿命特点和电动车使用的需要，研究电池的流通办法，比如采用租赁或押金等方法。以押金方法为例，对各型号电池依据其价格、电荷量等不同档次制定每个或每组电池的押金数额，由各充电站连锁公司统一购入合格电池，打上标记，进入流通。用户也可用自行购入合格的电池，经检验打上标记后进入流通，以免交押金。换用高档次电池应补交押金。按规定定期对电池进行性能检验，对合格电池进行标记后继续使用，不合格的进行报废处理。在保修期内出现的质量问题由厂家负责调换。为防止污染和资源浪费及废旧电池非法进入流通，报废电池应由专业厂家统一进行回收、分解和重新利用。电池的送检工作原则上都由充电站负责，由专门机构管理和检验。如每年在固定月份检验，用户在此期间应要求充电站更换已检验合格的电池。期限过后，流通中的电池应都是检验合格的。每个充电站每个周期送检数量应大于其流动库存一定比例，用户也可自行送检一部分电池。充电站可能产生的各种问题，如不愿送检、以次充好、充电不足及不同电池统一流通中的矛盾等，要靠逐步完善管理法规来解决。对于车辆生产厂家来说，一般可销售无电池的电动车，由顾客到充电站自行交押金办理电池使用手续。为了促销，商家可办理一条龙服务，甚至搭配电池销售电动汽车。

8.5 V2G 技 术

8.5.1 V2G 研究背景

智能电网的核心价值是提高能效，利用各种高科技手段提升发、输、配、用电各环节的运行管理水平，节约资源，保护环境。智能电网更加适应多种能量单元发电、配电、用电方式的需要，更加适应市场化的电力交易的需要，更加适应客户自主选择的需要。

随着智能电网相关工作的启动，V2G 正成为研究热点。据统计，乘用车 90% 的时间是处于停驶状态，V2G 描述了电动汽车在停驶状态下接入电网，并与电网实现能量与信息双向交换的关系，车载电池作为一个分布式储能单元，在电网负荷非高峰时段自动充电，在不影响自身续驶里程要求的前提下，（例如，确保车载电池 SOC 始终不低于 70%），在负荷高峰时段将部分能量回馈电网。数量庞大的电动汽车通过智能化电网平台实现规模化应用，用于电网储能和控制负荷、停电时的备用电源、削峰填谷等。美国特立华大学前期研究标明：车辆作为调峰发电设备，每车每年可为电力公司带来 4000 美元的效益。

因此，推动电动汽车产业发展，引导夜间低谷充电，积极开发 V2G 技术，对于扩大电力终端用电市场，降低需求侧峰谷差，提高电力供需平衡和电力设备负荷效率，具有重要的意义。

8.5.2　V2G 系统信息流程

V2G 体现的是能量双向、实时、可控、在车辆和电网之间流动，充放电控制装置既有与电网的交互，又有与车辆的交互，交互的内容包括能量转换信息、客户需求信息、电网状态、车辆信息、计量计费信息等。因此，V2G 是电力电子、通信、调度和计量、需求侧管理等众多技术的高端综合应用，图 8-8 所示为 V2G 系统信息流程。其中：SM 为智能电表，双向计量、本地信息存储，以 RS485 与 EV2PCS 通信，通过 EV2PCS 向 UT 传送电量信息；EV2PCS 为双向智能充放电装置，由低压控制器和本地管理机组成，用于实现车辆和电网之间的双向能量交互，是 V2G 系统的关键装置；UT 为人机交互终端，是电动汽车用户与电网交流的界面，用户从中获取用电量和电费信息；BMS 为电池管理系统，用于车辆电池数据的采集与传输，电池运行状态的监控，以 CAN 总线与 EV2PCS 通信，通过 EV2PCS 向后台传输车辆信息；EMS 为后台管理系统，对上与电网调度系统通信，获取电网负荷信息并执行电网调度指令，对下与 EV2PCS 通信，获取车辆状态信息，分配并下发电网调度指令。

8.5.3　V2G 系统各部件

一、双向智能充放电装置

双向智能充放电装置作为 V2G 技术中的关键功率部件，用于实现电网与电动汽车间的能量双向流动，可工作在充电模式和 V2G 模式。如果选择充电工作模式，即只是对车辆进行充电操作，不将车辆电池能量回馈至电网；如果选择 V2G 工作模式，装置根据用户在人机交互终端上选择的车辆 SOC 上下限门限值，或装置默认的 SOC 上下限门限值，将连接车辆可充放电的实时容量、受控时间等信息提供给后台管理系统，后台管理系统下发充放电控制指令，装置根据车辆电池当前 SOC 进行充、放电操作，实现能量的双向流动。

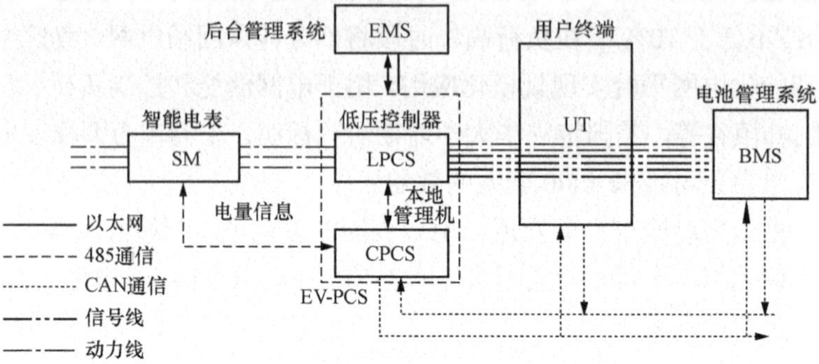

图 8-8　V2G 系统信息流程

二、人机交互终端

人机交互终端系统结构如图 8-9 所示，主要由嵌入式控制器、触摸显示屏、射频卡读卡器、CAN 通信卡、远程监控扩展通信卡、微型打印机等部分组成，主要功能有界面显示、身份识别、EV2PCS 控制模式、票据打印、数据管理和查询、个性化参数设置、语言切换以及用户操作帮助和异常信息提示等。

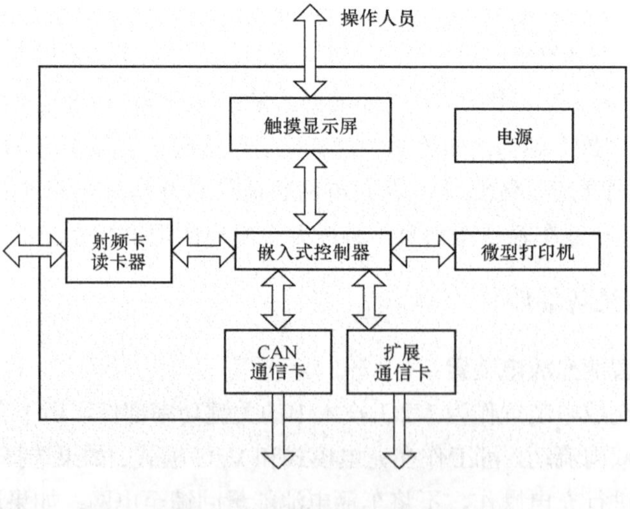

图 8-9　人机交互终端系统结构

三、后台管理系统

后台管理系统包括充放电策略控制子系统和能量管理子系统。

（1）充放电策略控制子系统主要功能是根据能量管理系统提供的可充放电总容量、电价以及当前电网的实时负荷信息，采用适当的充放电策略算法，计算出电网实际允许的充电或放电容量，从而动态地实现车辆车载电池组与电网的双向能量交换。

（2）能量管理子系统主要功能是实时监测车载电池组工作状况，提供充放电策略基础数据，为每台 EV2PCS 提供充电或放电容量二次分配指令。

四、车辆电池管理系统

电池管理系统（BMS）是对车辆电池性能和状态了解最为全面的设备，在 BMS 和 EV2PCS 之间建立联系，使充电装置实时了解电池信息，改变自己的执行策略和输入、输出电流，以保障车辆运行、电池安全和延长使用寿命。BMS 主要功能包括：实现电池运行状态的实时监控，电压、电流、温度、SOC 等数据采集、显示、传输；电池故障诊断、告警和安全保护；故障自检和诊断；充放电均衡；与车辆控制系统和智能充放电装置双向通信等。

五、智能电表

智能电表作为 V2G 应用的重要技术组件，其工作原理如图 8-10 所示，主要功能包括双向计量、双向通信、事件记录（记录电能表断相、失电压、过电压、失电流、电流不平衡、超功率、超需量、开盖、逆相序等事件，记录时钟对时，记录数据清零、参数设置、电能表上下电事件）等。

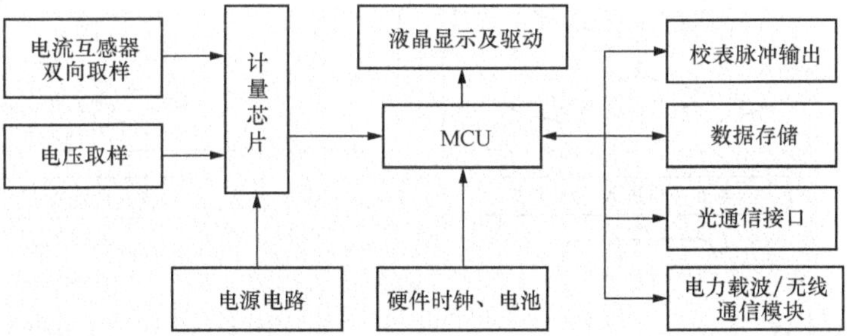

图 8-10　智能电表工作原理

8.5.4　V2G 充放电流程

V2G 充放电流程分别如图 8-11 和图 8-12 所示。

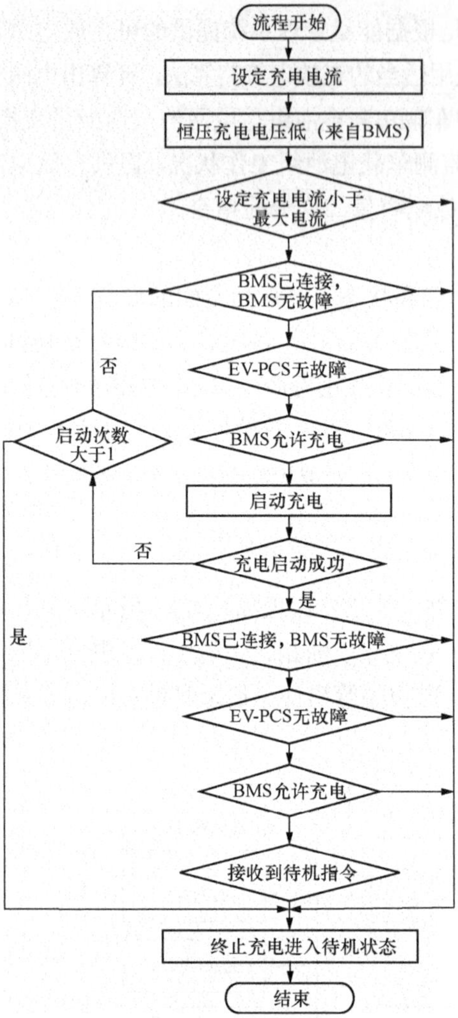

图 8-11　V2G 充电流程

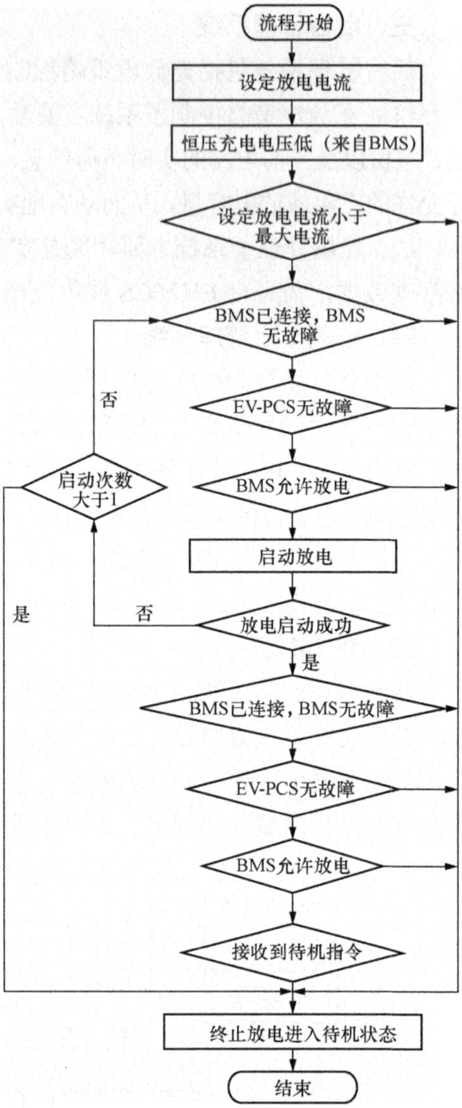

图 8-12　V2G 放电流程

用户首先插入 IC 卡，UT 终端通过射频读卡器读取用户信息，在人机操作界面上显示卡上剩余电量和上次消费记录情况，待用户设置工作模式及其相关信息后，提示用户正确连接充电插头，并确认启动充电模式或 V2G 模式。工作模式确定好后，UT 将与 EV2PCS 确认充放电接口是否正确连接，确认后发送控制信号给 EV2PCS，启动充电装置 EV2PCS 的工作为待机状态，等待后台控制指令。EV2PCS

按用户选择的运行模式执行后台充放电指令，在运行过程中，UT 定时获取电能表数据、电池组数据并进行计费以及保存数据。当达到用户设置的参数或用户自行终止时，发送停止指令给 EV2PCS，控制 EV2PCS 断电，在人机操作界面上提示用户充放电完毕，用户拔下插头后，可以进行打印票据操作。

8.6　电动汽车充电对电网的影响

8.6.1　电动汽车的充电模式及特点

根据电动汽车动力电池组的技术和使用特性，电动汽车的充电模式存在一定的差别。对于充电方案的选择，现今普遍存在整车充电系统，包括常规充电、快速充电两种模式，以及更换电池组充电三种模式，三种充电模式比较见表 8-2。

表 8-2　　三种充电模式性能比较

模　　式	常规充电	快速充电	更换电池组
适用性	设计电动汽车的续驶里程尽可能大，能满足车辆运营一天的需要，仅仅利用晚间停运时间充电。 由于常规充电以常规的电流为蓄电池充电，因此在家里、停车场和公共汽车站都可以进行充电。 常规充电站的规模一般较大，以便能够同时为多辆电动汽车进行充电	电动车的续驶里程适中，在车辆运行的间隙进行快速补充，满足车辆安全运营需要。 大电流快充使充电时间大为缩短，为后续的均衡充留出足够的时间。 由于相应的大电流需求会对公用电网产生有害的影响，因而快速充电模式只适用于专用的充电站	车辆电池组设计标准化，易更换。 车辆运营中需要及时更换电池，充电站可以对电池和车辆实现专业化、快速化的分离。 由于电池组快速更换专业化要求高，因而该模式只适用于标准的充电站

不同运行模式下的电动汽车对电池的充电时间有不同的要求，而充电时间的不同需要不同的充电方式来满足。此外，不同电池都有其最佳的充电电压、电流和充电时间。

电池在常规充电方式下需要较长的充电时间，一般需要 8~12h，甚至更长一些。由于二次电池无记忆效应，车载电池能量的补充主要依赖电网完成，即通过采用电网的电能对蓄电池进行充电，充电质量的好坏直接影响到车载动力电池在运行条件下的能量供给、储存和电池的使用寿命等方面，最终影响到电动汽车的使用成本，因此在实际使用中可以采用快速充电方式缩短充电时间，或者采用快充电方式进行短时间补充充电。电动汽车的充电技术是维持电动汽车运行的一项必备的手段，其对车辆全使用寿命的影响重大。常规充电主要在晚间进行，电动车辆在当天运营完毕以后，在专门区域的充电站进行长时间的晚间充电，一般充电至第二天运营开始。晚间充电主要优点在于很好地利用了电网低谷，平衡了该区域日间和夜间的用电。另外，充电站建立在人员密集区域内，使纯电动车辆运行到载客始发站的距离较短，节省了动力电池的消耗，提高了电池的利用率。

补充充电一般在白天运营过程中进行间断性电池快速充电。对于纯电动车辆，晚间充电的电池电量基本能满足一天的运营要求，但当运营任务过重或时间过长时，电动车辆就必须充分利用停车待客时间进行电量补充。补充充电采用直插直充的快速充电方式，由于二次电池的无记忆特性，对电池的寿命无明显影响，更重要的是对白天的运营也无影响。

8.6.2 电动汽车充电对电网的影响

一、峰谷平衡

城市用电高峰在白天，晚上是用电低谷，而电动汽车采用白天行驶、夜间充电的运行方式，有利于电网的峰谷平衡，改善电网负荷特性，减少为维持电网低负荷运转而引起的调峰费用。在推广电动汽车的发展上可以采取对电动汽车充电优惠政策，促进电动汽车在夜间利用电网的廉价“谷电”进行充电。这样对车主的优惠，对电网的平衡，对盈余电力的消费都将起到很大的作用。

电动汽车的发展对城市新老城区之间的用电峰谷平衡也起到了一定的作用。老城区由于人口密集、商业设施林立，所以用电的容量也有一定的限制，而新城区在建设时已经对未来的发展等都作出了提前准备，所以在用电容量上也相应配给了很大空间。纯电动小巴的运营区域一般集中在新建的小区之间，因此电动小巴的充电有助于新老城区之间用电的峰谷平衡。

电动汽车的充电方式对电网的峰谷平衡、新老城区之间的用电峰谷平衡都起到了很大的作用，可以很大程度上地提高企业的效益，电动汽车的推动将为电力市场拓展奠定坚实基础。

二、谐波污染

对于电动车辆的充电设备，在国内目前还没有统一的国家标准，对充电设备的技术安全要求，特别是对电网电能供给质量的安全保障要求，并没有规定和标准对此进行比较深入的研究和探讨。电动汽车的投入使用，必然要增加相应的充电设备，而充电设备对电动汽车充电时，由于直流电流在交流三相之间不断地换相而产生谐波。谐波将会对电网产生下列影响：

（1）使测量仪表不准确。传统的测量仪表，如电流表、电压表、功率表和能耗表等，都是以固定频率 50～60Hz 校准标定的，对频率的变化反应不灵敏。谐波电流和谐波电压会使测定的电流、电压、功率和能耗不准确。

（2）易损坏大容量电容器。为改善电路的功率因数，在供电系统中装有大容量的电容器，这些电容器可能会被过量的谐波电流损坏。

（3）加重的负荷使电力导线过热。当 3 倍的谐波电流流过三相四线电力系统的中性线时，导线会因过载而发热。同时，普通的模式噪声问题（中性线对地线之间的电压）将会发生在中性点，中性线与相线之间的电压也会受影响。当谐波电流流过三角形连接的供电变压器时，谐波电流会在三角形内部循环流动，导致导线过热。

（4）使保护装置误报警。由于谐波电流和谐波电压的存在，过电流、过电压和欠电压等保护装置会产生错误报警，甚至跳闸。

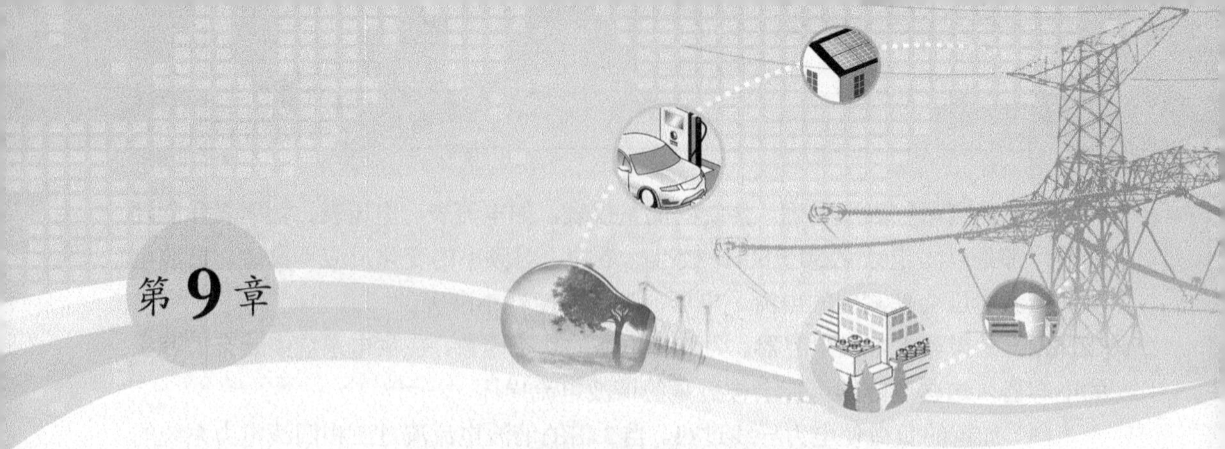

第9章 互动式用电技术

9.1 互动式用电概述

9.1.1 互动式用电的含义

在智能电网中，用户是电力系统不可分割的一部分，鼓励和促进用户参与电力系统的运行与管理是智能电网的一个重要特征。从智能电网角度来看，用户需求完全是一种可管理的资源，它将有助于平衡供需关系，确保系统的可靠性；从用户的角度来说，电力消费是一种经济的选择，通过参与电网的运行与管理，修正使用和购买电力的方式，从而获得实实在在的好处。在智能电网中，用户将根据其电力需求和电力系统满足其需求的能力来调节其消费。同时需求响应计划将满足用户在能源购买中有更多选择的基本要求，减少或转移高峰电力需求的能力使电力公司尽量减少资本开支和营运开支，降低线损和减少效率低下的调峰电厂的运行，同时也提供了大量的环境效益。在智能电网中，和用户建立起的实时双向通信系统是实现用户参与电力系统运行和管理的基础。实时通知用户其电力消费的成本、实时电价、电网目前状况、计划停电信息及其他一些服务信息，同时用户也可根据这些信息制定自己的用电方案。互动式居民用电系统由智能家电、智能终端、智能电表、通信基础设施（AMI）及后台应用五大部分组成。要实现互动式用电，必须对其关键技术进行研究。本章重点介绍智能电表和智能终端技术。

9.1.2 智能电表

智能电表是智能电网数据采集的基本设备之一，承担着原始电能数据采集、计量和传输的任务，是实现信息集成、分析优化和信息展现的基础。在智能电表基础上构建的高级量测体系（AMI）、自动抄表（AMR）系统能为用户提供更加详细的用电信息，使用户可以更好地管理其用电量，以达到节省电费和减少温室气体排放的目标；电力零售商可以根据用户的需求灵活地制定分时电价，推动电力市场价格体系的改革；配电公司能够更加迅速地检测故障，并及时响应强化电力网络控制和管理。意大利、英国、荷兰等欧洲国家以及美国、澳大利亚等国均开展了 AMI/AMR 系统的建设，通过将先进的通信技术引入到新型的电子式计量设备中，研发出了能实现能耗监测、具备双向通信等能力的智能电表。

9.1.3　智能交互终端

智能交互终端是智能电网与居民客户进行互动的一个显示设备，也算是一个专用的智能家电。它安装在用户家中，通过智能电表与电网收发信息，又能与家庭区域网中的智能家电联络，显示各类信息并有提示功能。智能交互终端是实现家庭互动式用电服务的关键设备，它通过利用先进的信息通信技术，对家庭用电设备进行统一监控与管理，对电能质量、家庭用电信息等数据进行采集和分析，指导用户进行合理用电，调节电网峰谷负荷，实现电网与用户之间智能交互。此外，通过智能交互终端，可以实现水、气表集抄，降低自来水和燃气公司的抄表成本，可为用户提供家庭安防、社区服务、Internet 等增值服务。

随着国内外智能电网建设的不断推进，互动式用电受到政府、科研机构和商业集团的广泛关注，一旦分布式电源接入电网，电价从峰谷电价、阶梯电价向动态电价转变，互动式用电将实现客户、电网和社会的共赢。通过互动式用电系统可以引导用户改变用电方式，节约电力开支；实现消峰填谷，降低电力系统资本投入及运行成本，平衡电力需求关系，提高供电可靠性。

9.2　智　能　电　表

9.2.1　智能电表的功能及特点

智能电表是在电子式电表的基础上发展而来的。20 世纪 70 年代，研究人员成功研制出利用模拟和数字电路实现电能计量功能的电子式电能表，克服了传统的感应式机械电表人工抄表效率低、数据偏差大、防窃电功能差等弊病。在此基础上，通过不断扩展数字技术的应用，电子式电表具备了分时计费、预付费等功能。智能电表实现了对电子式电表的全面突破，以智能芯片为核心，集成包括具有双向信息交流功能的读表器，一套操作管理系统和数据库，构建应用计算机技术、通信技术等多系统的交流平台，实现电功率计时计量、自动计费、即时双向通信和优化用电等功能。

一、支持浮动电价

与传统电表相比，智能电表是可编程的电表，除了能够满足一定准确度的电能计量以外，能够测量和存储的数据更多，功能更加强大。如随时保存带有时标的电能数据，根据预先设置时间间隔进行测量和存储各类电能和电量数据等，支持分时电价或实时电价和需求侧管理，满足实时电价下的电能计量。

二、双向通信功能

智能电表内置通信模块，具有双向通信功能，通过双向通信网络和数据中心进行信息交流。供电企业可以通过智能电能表或其他方式将用户感兴趣的电网信息（如停电信息）通知用户，方便用户提前准备，改变其用电方式。定时、定期向用户发布其用电信息，用户可掌握自己的实时用电情况。在执行实时电价时，供电企业能够通过智能电能表向用户发布实时电价信息，用户可以根据实时电价安排用电计划，在节省电费的同时为降低电网高峰负荷作贡献。

三、智能家电控制

智能电能表具有与智能家电的通信控制功能，能够由智能电能表根据实时电价通过设定参数实现对家电的启停控制，削减用电高峰时的负荷，提高用电低谷时的负荷。在不需要增加任何用户投资的情况下，通过改变大功率用电设备的使用时间，达到节约用电费用的目的，同时也对电网的削峰填谷作出贡献。

四、双向计量

对于具有自备发电能力、储能设备和再生分布式电源的大用户，智能电能表能够根据实时电价指导用户经济合理地分配发电量和购买电量的数量，使得用户的用电费用最低。鼓励用户投资安装民用的太阳能、风能及高能储电设备，鼓励用户投资蓄冷、蓄热和蓄电等设备，改变用电方式而节约用电，减少对电网电量的需求，减低供电系统的负荷，节约燃料消耗，舒缓废气排放和温室效应，降低用户电费开支。

五、优化新能源用电秩序

利用智能电表可以帮助人们优先使用风电、太阳能等新能源。利用智能电表的实时数据采集与量测制定更为准确的负荷预测，可以指导新能源优化调度。美国夏威夷大学开发的配电管理系统平台，采用智能电表作为门户站，综合了需求反应、住宅节能自动化、分布式发电优化管理等功能，实现了配电系统与主电网中新能源系统的协调控制。

六、优化分布式能源配置

分布式能源与配电网并网运行时还存在很多问题，供电企业通过智能电表对配电系统进行实时监控、控制和调节，掌握分布式电源的特性及其与电网运行的相互影响，优化分布式能源配置，从而达到将电能以最经济与最安全的输配电方式输送给终端用户，提高电网运营的可靠性和能源利用效率。

七、提高负荷预测的准确度

随着智能电表的推广应用，大用户可以通过智能电表向供电公司上传用户近期的用电计划，有分布式电源的用户可以由智能电表上传自己的发送电计划及分布式电源的发电数据。供电企业将用户计划用电的容量、时间和各用户计划用电的顺序作为负荷预测的准确信息，自动干预负荷预测系统，可以提高负荷预测的准确度，减少电网备用容量，提高电网经济效益。

八、提供故障分析依据

供电企业可以通过智能电表对用户用电情况进行实时监测，实现异常状态的在线分析、动态跟踪和自动控制，提高供电可靠性。当故障发生后可以通过智能电表查询异常用电记录，为故障分析提供可靠的实时数据。

九、智能化需求侧管理

智能电表采集更多的电网实时运行数据（电压、电流和功率等），对用电设备的状态、能耗进行智能监测与控制，从而掌握更加详细的用户负荷情况，自动编制和优化有序用电方案，自动实施、过程跟踪、自动监测并进行效果评估，达到需求侧智能化管理。

十、促进智能用电新技术发展

智能电表的广泛应用，使得供电企业由人工抄表向自动抄表转型，同时获取了更多的用电数据，经过分析与处理，以智能电表为网关通过双向实时通信将实时电价信息、缴费信息和用电信息等通知给用户，优化客户服务并促使用户合理利用电能，参与负荷调节。

9.2.2　我国智能电表的发展方向

中国智能电网的第一步是国家电网公司“电力用户用电信息采集系统”的建设，以智能电表为基础的自动抄表技术是建设该系统的关键。随着信息时代的推进及技术的发展，智能电表作为智能电网的神经末梢，将在信息社会中发挥更大的作用，具有更加广阔的应用前景。目前，智能电表的智能主要体现在抄表和付费便捷化，离真正意义上的智能电表还有很长的路要走。用某些行业人士的话来说，目前国内的智能电表只称得上是电子电表，还算不上智能电表。智能电表最大的特点就是交互，就是用户和供电企业的信息交互。信息交互的关键是管理，管理更加便捷和人性化，人性化的管理要求芯片的信息处理能力更强。智能电表的发展必然走模块化、网络化及系统化的方向。

9.3 智能交互终端

9.3.1 智能交互终端概述

在一个智能用电家庭里，智能交互终端必不可缺，它是整个智能用电的核心，相当于整个智能用电家庭的大脑。与其强大的功能相比，它的外形和大小都并不复杂，类似于一部可视电话或是一个相框大小的触摸式显示屏，交互功能主要靠它实现。智能交互终端是实现家庭智能用电服务的关键设备，它通过利用先进的信息通信技术，对家庭用电设备进行统一监控与管理，对电能质量、家庭用电信息等数据进行采集和分析，指导用户进行合理用电，调节电网峰谷负荷，实现电网与用户之间的智能交互。此外，通过智能交互终端，可以实现水、气表集抄，降低自来水和燃气公司的抄表成本，可为用户提供家庭安防、社区服务、Internet 等增值服务。

9.3.2 智能交互终端的功能

智能交互终端需要满足不同用户的智能用电和其他增值服务需求。利用智能交互终端可以将家庭中各种信息设备、家电、灯光、安防、小区物业、三表抄送等设施和信息通过有线或无线通信技术进行集中管理和控制，并通过人机交互界面来实现智能家居交互式管理。人机交互界面如图 9-1 所示。

图 9-1 人机交互界面

一、智能用电

智能用电提供包括用电明细、耗能分析、分布式能源、用电贴士等服务。用电明细中既可以准确查到当日的用电量、剩余电量、分时电价，同时可以查询历史的用电情况。耗能分析中可以清晰看到每个电器的用电比例，以及相应的用电价格，还能显示电能来源。分布式能源中提供图形和列表两种显示方式，可以准确显示发电设备、储能设备、电网及家庭用电设备的各种状态信息。用电贴示中主要为居民提供一些用电常识。

二、智能家居

智能家居是智能用电家庭的重要组成部分。智能交互终端能够对家庭里的用电设备进行统一集中管理，监控其运行和用电情况，并提供包括本地和远程的多种家电控制手段。此外，安全是居民对智能家居的重要要求，通过智能交互终端连接并管理相关安防设备即可实现对家庭的安全布防。

（一）家电控制

利用智能交互终端，可实现对诸如电饭锅、洗碗机、洗衣机、热水器、空调、加湿器等家用电器的用电信息显示、启停控制、温度设定、模式设定等各种管理和控制操作。

（二）家庭安防报警

家庭安防报警包括门窗磁报警、紧急求助报警、燃气泄漏报警、火灾报警等。当家庭智能交互终端处于布防状态时，红外探头探测到家中有人走动，就会自动报警，通过蜂鸣器和语音实现本地报警；同时，报警信息将通过智能交互终端发送到物业管理中心，还可以自动拨号到用户的手机或电话上。

三、自助缴费

自助缴费让用户足不出户就可以完成电费、水费、天燃气费和电话费的查询和缴纳。

四、视频电话

智能交互终端一般都配置有摄像头、麦克风、扬声器（或是听筒）和 Internet 连接，通过拨打 IP 电话即可方便地进行可视电话。

五、社区生活

社区生活中包括社区新闻、社区活动和新闻聚焦等内容。通过智能交互终端的信息公告可以让用户及时了解到社区活动、社区新闻以及各种通知告示，从而给用户的生活带来巨大便利。

六、订购消费

订购消费功能包括在线购物、在线订餐和家政服务等功能，让用户足不出户就可以完成购物、订餐、维修和保洁服务。

七、医疗服务

医疗服务中包括健康常识、药品购买、预约就诊和疾病自查等，用户可以了解健康方面的知识，按照疾病自查提供的内容，检查一下自己有没有什么疾病，还可以预约医生，买一些常用药品。

八、模式设定

通过智能交互终端可以设定家庭用电模式，如经济模式、舒适模式、睡眠模式、外出模式等。

9.3.3 智能交互机顶盒

智能交互机顶盒是另外一种形式的智能交互终端，如图 9-2 所示。它是一套基于宽带网络开展的以媒体为主的 IPTV 业务，主要提供家庭用电信息管理、能效管理、家庭娱乐、远程教育、培训咨询和日常生活信息获取、交互方面的应用。以智能交互机顶盒配合家庭用户的电视机屏幕形式，向用户提供优质的服务和使用简便的电视式体验。

图 9-2 智能交互机顶盒

与智能交互终端类似，智能交互机顶盒能提供用电信息管理、能效管理、家电管理及控制、家庭负荷分析、异常用电分析、水电气三表集抄、增值服务和信息服务等功能。

9.3.4 智能交互终端的特色

一、功能丰富齐全，提高了设备的集成性与兼容性

在家庭终端所具备的安防报警、家电控制的功能基础上，用户智能交互终端增

加三表抄收、家电信息获取功能。用户智能交互终端集成了报警主机、控制主机、抄收模块，并实现电力线、无线、光纤、红外、Zigbee 等多种通信技术兼容。

二、配套社区软件，实现社区智能化

用户智能交互终端连接配套社区软件，实现物业管理、社区服务、社区公告、社区电话、可视门禁等智能化功能。

三、用户与电网交互，让用户参与用电管理

基于网络化、人机交互、融合业务与功能的原则，凭借用电信息采集系统的网络平台，直接向用户显示用电信息、用电方式、告警信息以及电价政策等相关内容。建立用户与电力公司之间实时连接、互动、开放的数字网络，实现电力流、信息流、业务流的有机融合，满足双向互动营销需求，达到增强客户体验、提供通信与能源一体化服务、构建新型客户关系、提高全社会能源利用水平。

9.3.5　交互的智能生活

对于一个智能用电家庭来说，更加经济的用电无疑是首要的目标。尤其是在未来，国家将可能会根据电网的负荷情况等，发布实时电价。到那时，峰时电价将会高于其他时间电价。因此，对电价的随时掌握，将有助于客户在电价最便宜的时刻用电。在智能用电家庭，这个问题迎刃而解。普通居民可通过智能交互终端随时了解自家电器的用电情况，了解当前电价，也可以通过智能交互终端达到与电网自动交互的目的。在电动汽车大量普及时，还可以选择在低电价时为汽车充电。

9.4　智能用电信息管理系统

电费回收是电力服务的一个重要环节，在电费回收中，供电企业面对诸多的困难：

（1）目前供电部门基本还在沿用手工抄表的工作方式，其劳动强度大、用人多、效率低，差错率和人为误差高。

（2）用电监察措施不力（滞后处理），无法解决长期存在的偷电、漏电问题，而且监察不力会导致滥用电，常常造成某些区域电网超负荷运行。

（3）拖欠电费现象严重，采取人工断、送电，处理难度大、时间长，容易引发纠纷。

（4）人工逐户抄表周期长（多数地方两个月抄一次），所以不能准确计算电网线损和非正常电力损失，更不能科学地核算用户用电量。

9.4.1 供电公司用电管理信息化发展现状和趋势

根据现代供电企业用电管理工作的需要，特别是电费管理的特点，结合用电部门的实际情况，在新的电费管理信息化中应解决以下几个问题。

一、操作简便灵活，计算快速准确

电费管理主要是按时抄录用户的用电量，按照国家电价政策，严格、准确地计算和审核电费，并及时回收和上缴，同时为客户提供优质的用电服务。因此，新的电费管理信息系统应能使工作人员从大量、繁琐的计算审核工作中解脱出来，在最短时间内掌握其操作，并快速、准确地计算出电力用户发生的电量电费，使更多的人力投入到开拓市场和提供优质服务的工作中。

二、具有多种数据导入、导出功能

供电企业为提高用电管理水平和工作效率，针对城市用电户多、抄表和数据输入量大、输入数据要求准确性高的特点，大都采用了抄表器抄表、远程抄表等新的抄表方式。为方便用户和提高服务质量，居民用户主要采用电费储蓄的方式缴纳电费，即用户到供电企业指定的银行储蓄所以储蓄的方式交付电费，银行每月根据供电企业提供的用户应付电费情况将当月电费划拨给供电企业。这就要求新的管理系统能提供多种数据导入、导出功能，满足用电管理现代化的需要。

三、提供全面可靠的数据

电费管理还包括电量电费统计分析，定期为企业各有关部门提供各种信息，以便指挥生产、进行决策、编制计划和检查计划的执行情况。因此新的管理系统不仅能进行电量电费的统计，而且更重要的是能提供强大的数据分析功能。通过各项数据的统计分析，可以反映供电企业的经营情况，并对照、分析上级核定的销售电量、电费收入、单位成本、线路损失及上缴利润等各项指标的完成情况。统计资料还要为供电企业编制负荷预测、远景规划、电力平衡计划、财务收入计划等提供依据。

9.4.2 供电公司用电管理信息系统（ESMIS）的内涵及特点

智能用电管理信息系统以现代计算机网络技术和通信技术为基础，主要目标是对用电管理业务实现信息采集、处理、储存、传递和分析汇总，并向客户提供迅速快捷的服务。

ESMIS 应具备以下特点：

一、电子化、无纸化

系统对日常业务实行电子化操作，信息统一采集，流程自动传递，为无纸化管理提供可靠的保证。

二、主动式管理

系统的应用使用电管理人员有充分的时间和精力去综合、分析、解决业务中出现的重大问题，或预测、分析、解决可能出现的问题，从而使管理人员的劳动由事务型向思维型转变，由事后处理向事前预测转化。

三、信息开放

表现形式丰富，系统中的信息按权限对相关管理人员开放。领导者能够根据需要，对拥有权限的数据进行任意条件组合查询，并以各种直观的方式呈现，充分体现了信息的价值。

四、安全可靠、易于维护

系统要采取稳定的、先进的网络结构，有效保证各信息点信息的可靠性、完整性和一致性。

9.4.3　ESMIS 建设的要点

ESMIS 建设应该考虑以下几个方面：

一、信息系统集成化建设

信息系统集成是将那些杂乱的、独立运行的计算机应用系统“信息群岛”变为“信息大陆”的集成化系统的过程。对于用电管理信息系统集成这样一个涉及面广、实践性强的领域，必须从理论和方法两个方面展开研究，才可能形成一套行之有效的指导实践的方法。

二、数据整合载体建设

ESMIS 是一个功能复杂的综合体，它主要担负着对用电管理中的各种数据或元数据信息进行有效的管理（包括收集、传递、分析、反馈）。因此需要将这些来自各方的数据进行整合，而这些数据又往往来源于不同的子系统，类型、格式也各不相同（多元性），类型有电量台账类、电费台账类、统计报表类等，格式有数值、文档报表、图像等。所以，首先要将这些数据进行格式化、规范化，以统一的形式提交给系统，然后才可以根据需要以不同的形式表现出来或发给其他应用系统。因此需要一个独立的、与平台无关的、流动性好、可扩展的数据载体来解决数据的集成、传递以及发布等问题。

三、数据的分析利用

ESMIS 建设不仅仅是以减轻统计工作劳动强度为目的的统计信息化系统和工程建设，而是要建设体系完整的统计业务系统和决策支持系统，用先进的技术手段及时、全面地为项目、企业决策提供数据支持。因此，针对以往的大部分统计应用系统只是基本满足了数据处理和存储功能，对数据分析、利用和发布方面的功能开发远远不够的缺点，在对如何充分发掘统计信息的功能方面应当深入思考，充分发挥统计数据的作用，适应和满足企业发展的需要。

四、数据的可扩展性和可重用性

ESMIS 开发项目有一个开发的周期，这就要求信息集成和交换平台具有强大的扩展性。平台不仅能快速集成现有的信息系统，还能将未来的信息系统快捷地整合进入平台（可扩展性），同时，所有的已经集成化的信息能和新的信息进一步进行整合（可重用性）。

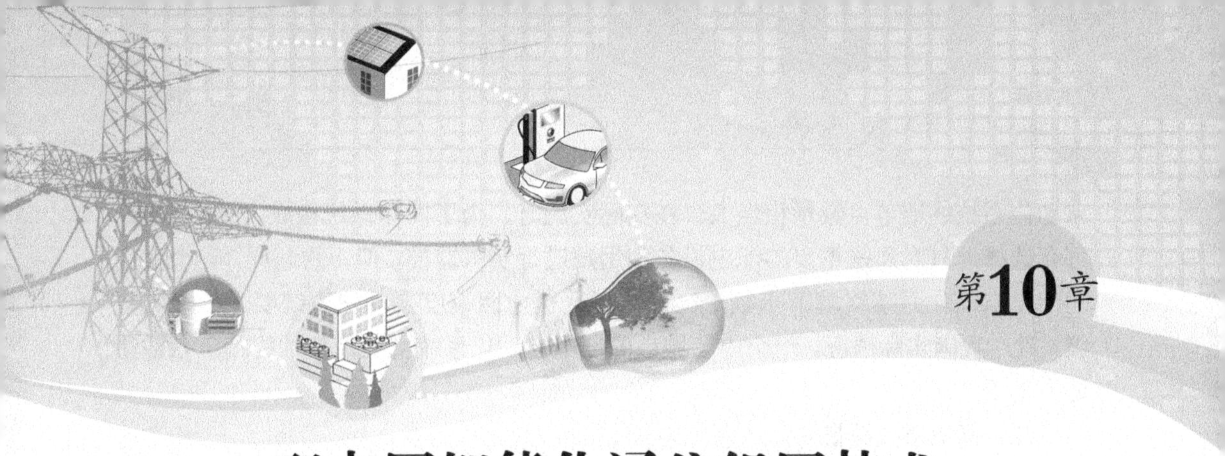

配电网智能化通信组网技术

10.1　配电网智能化组网技术背景概述

10.1.1　配电自动化通信系统的特点

配电自动化系统是指利用现代电子、计算机、通信及网络技术，将配电在线数据和离线数据、用户数据、电网结构和地理图形进行信息集成，构成完整的自动化系统。通信系统是建设配电自动化系统的关键技术，通信系统的好坏从很大程度上决定了自动化系统的优劣，配电自动化要借助可靠的通信手段，将控制中心的控制命令下发到各执行机构或远方终端，同时将各远方监控单元（PTU/TTU）所采集的各种信息上传至控制中心。

随着自动化水平的提高，配电网自动化将向高度自动控制、高级应用软件的方向发展，逐步形成集中远方监控并实现馈线自动化功能的模式。其控制对象为安装在开关房、开闭所和配电房内设备，这些设备具有数量繁多、分布广泛、距离远近不等的特点。并且，各子系统的控制侧重点有所不同，如对于开关，由于其操作频繁，它更多传送的是遥信/遥控信号。此外，配电网终端遍布城市、农村等不同的环境，自动化信息涉及的终端被不同层次的用电管理人员所操作，因此要求终端应具有易安装、易操作、免专业维护、抗恶劣环境等特点。同时，为避免配电网信息传递及执行命令下达时间的延误，对配网通信的有效性、可靠性和经济性提出了较高的要求。配电自动化通信系统应具有以下特点：

一、信息点数量大

配电网拥有众多的变电站、开闭所、配电变压器及线路上的重合器、负荷开关、无功补偿电容等，要对这些变电站和配电设备进行监控，需要许多的 RTU 或现场智能装置，再把大量的深入到低压用户的自动读表和控制终端包括在内，一个配电自动化系统终端节点数量相当大。在实际实施时，为了简化系统构成、减少造价，可有选择地只对那些重要的配电设备和用户进行实时监控，但不管怎样，一个实用的配电自动化系统终端节点数量比同一地区输电网调度自动化系统要大一个数量级。针对我国实际情况，一个中等城市的配电自动化系统需要通信的终端节点数量要有上千个。

二、通信节点分散

配电自动化 RTU 或现场智能装置随配电设备安装，由于配电设备分布的地域比较广，因此通信的节点比较分散。

三、通信距离短

一个地区配电网覆盖的区域相对要小一些，配电自动化通信节点之间的距离比较短，因此，配电自动化通信网往往采取主干道与小区分支通信网相结合的方案。一个小区内的 FTU、变压器监测仪、自动读表控制器等终端的数据由小区内变电站或开闭所 RTU 汇集转发，它们之间的通信距离一般在二三千米之内。

四、通信数据量小

配电自动化 RTU 的监控对象是大量的线路开关、配电变压器等，通信数据量有限；即便是一些配电变电站、开闭所或配电自动化二级主站的数据量比输电网变电站的数据量也要少得多。

五、通信信道多样

对于配电自动化系统，可供选择的通信信道有光缆、电缆（或双绞线）、超短波无线电、微波和电力线载波等。在不同的场合、不同的条件下，可以选择不同的信道，在同一个系统中各级通信网也不一定选用同一信道，所以往往是一个混合式的通信网。通信信道的选择要因地制宜，要充分利用现有的信道资源。

10.1.2 配电自动化数据通信的要求

一、可靠性

首先，配电自动化的通信装置大部分都安装在户外，环境条件恶劣，温度变化范围大，要具有良好的防潮、防雨、防晒措施。其次，还有一些安装在电力线柱上或组合式配电柜内，要承受高电压、大电流、雷电等干扰，要有很高的抗干扰能力。再次，在电力设备发生故障时，应能抵抗事故所产生的瞬间强电磁干扰，完成故障诊断、隔离和非故障区段恢复供电的通信任务。

二、实时性

配电网自动化的首要功能是能够实时监控配电网运行情况，并进行在线分析，实时性对通信传输速率提出了较高要求。正常运行情况下，配电网主站会周期性召唤各 RTU、FTU 的数据；电网发生故障时，主站和 FTU、RTU 之间需要交换比平常更多的数据，以便及时掌握故障地点和原因。因此，通信系统不仅要满足系统刷新率的要求，还要满足故障时快速及时传送大量故障数据的要求，并具有故障时主动上报故障信息的功能。

三、双向性

主站系统需要向终端下发控制命令，终端需要向主站上报信息。因此，通信系统必须具有双向通信能力。

四、灵活性

配电网通信系统点多面广、规模大、安装环境复杂，要求通信设备具有较强的灵活性和适应性，易于安装、调试、运行和维护。因此，要求通信设备尺寸小、安装方式多样、抗振。

五、承载的业务种类丰富

配电网通信系统承载的业务包括配网 SCADA、负荷控制、远程抄表等。各种业务的数据量和实时性要求差别较大，因此对通信系统也提出了不同的要求。

六、采用开放性标准的通信规约

配电自动化系统是一个信息集成系统，系统中各种现场智能终端与控制中心之间以及不同的控制中心之间采用开放性的标准通信规约，能够保证配电自动化各个子系统之间互联，实现数据共享，减少建设投资。

10.1.3　配电自动化通信组网现状

配电自动化所需的自动化终端设备数量众多、分布区域大、通信网组织困难。如果将这些数目众多的自动化终端设备直接接入配电自动化系统中，会直接影响系统实时性，也会造成后台计算机网络组织困难，在主干通信网建设上投资巨大。同时由于自动化设备站点分布不均衡，也会造成数据流量的不均衡，影响系统数据传输的准确性和时效性。因此配电自动化系统计算机网及通信网建设采用“区域分层集结、分区管理及集中方式”为指导原则进行网络组织，即将各分散测控点设备（FTU、TTU、DTU、RTU 和电量采集器）先集结至各配电子站，进行数据通信协议交换，再经通信网转发至控制中心进行数据处理，这样可减少控制中心数据处理负荷，也可有效检测设备的实时性和合理投资、科学管理。这样，配电通信网基本上也可对应划分为主站级、子站级、配电终端级和用电终端级 4 个主要通信层面。从国内外配电网自动化系统的实施经验来看，尚没有一种通信技术可以很好地满足配电自动化所有层次的需求。为了用比较经济的方式全面满足配电自动化的要求， 通常需要根据配电网的具体情况，在不同层次上采用不同的通信方式，从而构成混合通信系统。

10.2 配电自动化通信方式

目前，配电网终端通信方式主要分为有线和无线两大类：有线通信方式包括光纤、现场总线、配电线载波、拨号电话等；无线通信方式包括无线扩频、GPRS 及卫星等。

10.2.1 有线通信方式

一、光纤通信

光纤通信系统是以光为载波，以光纤为传输介质的通信系统。根据传输信号的形式，可以把光纤通信系统分为数字光纤通信系统和模拟光纤通信系统两大类。因为光纤的频带很宽，对传输数字信号十分有利，所以高速率、大容量、长距离的光纤通信系统均为数字光纤通信系统。

与其他通信方式相比，光纤通信有以下优点：

（1）由信息理论可知，载波频率越高，通信容量越大。对光纤通信而言，载波为光波，频率很高，可供利用的频带很宽，通信容量大，尤其适合高速宽带信息的传输。

（2）由于光纤损耗很低（0.2dB/km 的量级），加上采用中继技术，传输距离大大增加。这对于长途干线通信、海底光缆通信十分有利。

（3）光纤抗电磁干扰能力很强，不怕雷击和其他工业设备的电磁干扰，传输可靠性好。光纤系统也没有发生电火花的危险，因此在一些要求防爆的场合使用光纤通信是十分安全的。

（4）光纤内传输的光信号几乎不会向外辐射，因此很难被窃听，保密性好。

（5）在运行频带内，光纤对每一频率成分的损耗几乎是一样的，因此在中继站和接收端只需采取简单的均衡措施就可以，设备相对简单。

（6）光缆尺寸小、质量轻，便于敷设和架设。

光纤通信仍然存在不足，如强度不如金属线，连接比较困难，连接节点造价高，分路与耦合不方便，弯曲半径不宜太小等。光纤通信系统初期投资大，后期维护费用也较高，这是光纤通信在配电系统中不能得到广泛应用的主要原因。随着光纤技术的发展，其性能价格比的不断提高，这种情况会逐渐改变。由于配电网络的分支众多、分布复杂，配电网上分支通道的通信速率通常低于 1000bit/s，而且光纤不便于复用和复接，使光纤通信失去了其经济优势，发挥不了其极高通信率的优势。因此，在配电自动化系统中，光纤通信更适合作为通信主干线。

二、电力线载波通信

电力线载波（Power Line Carrier，PLC）通信是电力系统特有的一种通信方式，在电力通信中应用最为广泛。它专为传输大能量的低频电能信号设计，用于传输高频小能量的载波通信信号。电力线载波通信存在三种主要的衰减类型：

（1）线路衰减，这主要是由热耗以及辐射引起的。

（2）阻抗不匹配引起通信信号的折反射。

（3）多径传播引起信号波形的衰落。

根据所采用电力线的电压等级不同，电力线载波又分为输电线载波（Transmission Line Carrier，TLC）、配电线载波（Distribution Line Carrier，DLC）和低压配电线载波（Low Voltage Distribution Line Carrier）三类。对于输电线载波通信，载波频率一般为 10～300kHz；对于高、中压配电线载波通信，载波频率一般为 5～40kHz；对于低压配电线载波通信，载波频率一般为 50～150kHz。

这种频率上的不同是由于配电网络中有大量的变压器、开关旁路电容等元件，采用较低的载波频率可使高频衰耗减小。由于载波通道可靠性高，结合加工设备成本低、易于安装，配电线载波通信系统（DLC）性能价格比很高，被广泛应用于对用户进行的负荷控制和自动抄表系统。

电力线载波通信的特点：以电力线为传输通道，具有可靠性高、投资少、施工期短、设备简单、与电网建设同步、覆盖面与电力系统一致等优点，特别适用于以电力系统中的发电厂、变电站和开关站为对象的电力系统调度电话、调度自动化和远动化，以及在被保护的输电线路两端间传输保护和安全自动装置等信息。因此，对于通道数量不多，而需要通信覆盖的厂站数量较多，或采用其他通信方式不便的情况下，可考虑优先采用电力线载波通信。

电力线载波通信也存在着一些不足。由于我国配电网的复杂性，载波通信环境恶劣，其中最主要的问题在于噪声和信号衰减，很难保证传输的质量。低压电力线上的噪声可以分为 4 类：

（1）与工频同步的周期性噪声。其频率为 50Hz 的整数倍，目前产生这种噪声的噪声源主要是电力电子设备，如变频设备、开关电源、影印机等。

（2）背景噪声。是配电变压器一次侧进入配电网的噪声、各种电气设备产生的噪声等的综合效果，它几乎覆盖了整个通信频带。

（3）单次冲击型噪声。主要是由负荷的突然投切产生，如电容器组的投切、日光灯的开关等。

（4）非同步的周期型噪声。这类噪声是指异于工频周期整数倍的周期噪声，主要是由电视机、计算机等设备产生的。

因此，低压电力线信道具有信号衰减大、噪声高，信号传输具有时变性和频变性的特点，必须采用自动中继技术提高数据的抄到率。

配电线载波通信系统还须解决故障时通信的问题。配电网故障时，信号必须能够通过打开的断路器。在输电线载波通信系统中，单相故障是可以跨过的，因为没有发生故障的另外两相可给载波通信提供辅助通道，载波信号可以通过相邻相的传输线在离故障点较远处重新耦合到故障相的传输线上。但是对于配电网载波通信系统，由于存在许多只有单相的区段，因此上述过程行不通。虽然通过旁路调谐设备构造桥路，可以使配电线载波信号绕过重合器和断路器，但相比于输电网，配电网旁路调谐设备的用量要大得多。

三、RS485 总线通信

RS485 是 CCITT 标准化 V.11/X.27 兼容的平衡式电气特性标准，该标准采用集成电路，在一对平衡的互连电缆上传送差分信号，在接收端用差分接收器进行信号判决。这种接口具有抑制共模干扰的能力，因此抗干扰性能好，信号发送频率最高可达 10MHz。在使用双绞线，信号速率小于 100kbit/s 时，传输距离可达 1200m。RS485 接口在一个通道上可进行半双工通信，所以只需两根线便可双向通信，并可方便地构成一点对多点或多点之间的通信网络，一般使用双绞线作为网络总线。总线上挂接的节点个数因选用的接口驱动芯片而异，最多可接 128 个节点。对要求较高的系统可考虑选用带光电隔离的、抗雷电及抗静电放电冲击的收发器。

RS485 总线通信具有传输成本低、抗干扰能力强、传输速率高、传输距离远的特点，并且 RS485 接口在一个通道上可进行半双工通信，只需两根线便可双向通信，可以很方便地构成一点对多点或多点之间的相互通信网络。

四、CAN 总线通信

控制器局域网（CAN）是一种串行通信协议，它能有效支持高安全等级的分布实时控制。CAN 的应用范围很广，从高速的网络到低价位的多路接线都可以使用 CAN，并且 CAN 是到目前为止唯一具有国际标准的现场总线。CAN 的直接通信距离最远可到 10km（速率 5kbit/s 以下），通信速率最高可达 1Mbit/s（此时通信距离最长为 40m）。CAN 采用非破坏性总线仲裁技术，当多节点同时向总线发送信息出现冲突时，优先级较低的节点会主动退出发送，而最高优先级的节点可不受影响地继续传输数据，从而大大节省了总线冲突的仲裁时间。CAN 节点在错误严重的情况下，具有自动脱离总线的功能，使总线上其他操作不受影响。CAN 的通信介质可为双绞线、同轴电缆或光纤，选择灵活。总之，CAN 总线具有通信速率高、可靠性强、连接方便、性能价格比高等特点。

过去 20 年的时间里，建议性标准 RS485 作为一种多点差分数据传输的电气规范被应用在许多不同的领域，尤其在电力集中抄表系统中被广泛使用。但是由于 RS485 总线本身存在的许多局限性，伴随着科技的发展，其效率低、系统的实时性差、通信的可靠性低、后期维护成本高、网络工程调试复杂、传输距离不理想、总线可挂接的节点少、应用不灵活等缺点慢慢暴露出来。虽然许多工程师、生产厂商等提出了改进的方法和建议，但都不能从根本上解决 RS485 的这些问题。相比较于 RS485，CAN 总线在通信能力、可靠性、实时性、灵活性、易用性、传输距离远、成本低等方面有着明显的优势，成为业界最有前途的现场总线之一。

五、电话线通信

电话线通信是利用 MODEM 或者数字音频转换芯片将数字脉冲信号转换为 0.3～3.4kHz 的话带信号，然后通过电话线进行数据传输的一种通信方式。利用电话线传输数据可分为租用电话专线和公用拨号电话两种方式。

从技术角度看，租用电话线通信可达到较高的波特率，容易实现双向通信，传输速率可高达 2400bit/s，适用于对通信速率有较高要求的场合，如 FTU、终端与区域工作站之间以及区域工作站或 RTU 与配电自动化主站间的通信等。但是租用电话专线的费用往往较高，并且电力公司无法完全掌握电话线通信的维护以确保其可靠运行。这些都影响了在配电自动化中使用电话专线通信的积极性。公用拨号电话费用比租用电话线低很多，但是实时性差，仅适用于对通信速率要求不高的场合。

10.2.2　无线通信方式

一、短距离无线通信

短距离无线通信技术的范围很广，在一般意义上，只要通信收发双方通过无线电波传输信息，并且传输距离限制在较短的范围内（通常是几百米以内）就可以称为短距离无线通信。低成本、低功耗和对等通信，是短距离无线通信技术的三个重要特征和优势。

首先，低成本是短距离无线通信的客观要求，因为各种通信终端的产销量都很大，要提供终端间的直通能力，没有足够低的成本是很难推广的。其次，低功耗是短距离无线通信相对其他无线通信技术而言的一个特点，这与其通信距离短这个先天特点密切相关。由于传播距离近，遇到障碍物的几率也小，发射功率普遍都很低，通常发射功率在毫瓦级左右。最后，对等通信是短距离无线通信的重要特征，有别于基于网络基础设施的无线通信技术。终端之间对等通信，无须网络设备进行中转，因此空中接口设计和高层协议都相对比较简单，无线资源的管理通常采用竞争的方式（如载波侦听等）。

一般来讲，短距离无线通信技术从数据速率方面可分为高速短距离无线通信和低速率短距离无线通信两类。高速短距离无线通信最高数据速率高于 100Mbit/s，通信距离一般小于 10m，典型技术有高速 UWB（Ultra Wideband）、Wireless USB。低速短距离无线通信的最低数据速率小于 1Mbit/s，通信距离一般在几百米内，典型技术有蓝牙、zigbee 和低速 UWB。

高速短距离无线通信技术目前主要应用于连接下一代便携式消费电器和通信设备。它支持各种高速率的多媒体应用、高质量声像配送、多兆字节音乐和图像文档传送等。低速率短距离无线通信技术主要用于家庭、工厂与仓库的自动化控制、安全监视、保健监视、环境监视、军事行动、消防队员指挥操作、库存实时跟踪等方面的低速应用。

短距离无线通信由于通信距离短，受到终端通信覆盖区域的限制，一些终端之间不能直接进行通信，因此必须引入一种技术使终端之间最终能相互通信。可以借鉴 AD Hoc 和自组网技术，利用多跳技术，使不能直接通信的采集终端之间可以进行通信。如图 10-1 所示，图中终端 1 和终端 8 无法直接通信，但可以通过路径 1—4—6—8 进行通信，这就是多跳。通过中间节点参与分组转发有效地缓解了信道拥塞问题，这样使终端的设计难度和成本降低，同时也扩大了网络的覆盖范围。

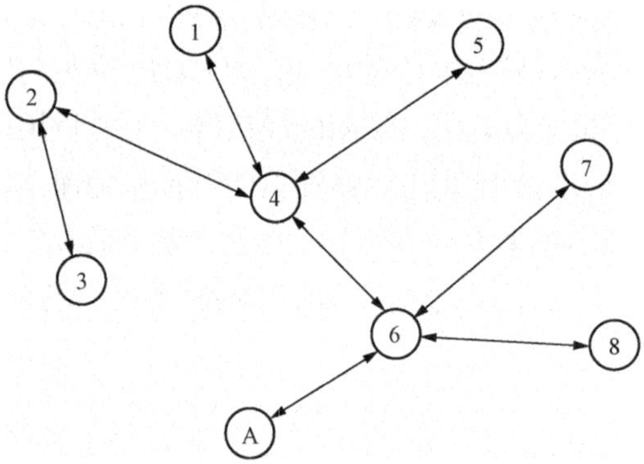

图 10-1　短距离无线通信网络结构

二、GSM 短消息通信

GSM 短消息通信是利用全球移动系统（GSM）公众无线通信网的短信息服务（SMS）传输远程数据的一种数据传输方式。GSM 短消息是一种依托公网的无线数据传输方式，具有网络覆盖范围广、一次投入少、运营成本低、可靠性高的特点。GSM 短消息通信可以作为一种数据采集中的重要通信方式，但是这种通信方式的实时性较差。特别是在某些特殊时段，由于 GSM 网负担过重会造成较大的时间延迟，不适于电网的实时监测系统。另外，因为系统成本高昂，所以现有的各类基于

GSM 的短消息数据采集设备不适合终端高度分散的环境。

三、GPRS 通信

GPRS 通用分组无线业务是在现有第二代移动通信 GSM 系统基础上引入的无线数据传输业务，目的是为 GSM 用户提供分组形式的数据业务。GPRS 在数据业务的承载和支持上具有非常明显的优势。

（1）通过多个 GSM 时隙的复用，支持的数据传输速率更高，理论峰值达 171kbit/s。

（2）不同的网络用户共享同一组 GPRS 信道，但只有当某一个用户需要发送或接收数据时才会占用信道资源。

（3）GPRS 计费方式更加灵活，可以支持按数据流量来进行计费。

（4）GPRS 能够随时为用户提供透明的 IP 通道，可直接访问 Internet 中的所有站点和资源。

（5）采用信道复用技术，每一个 GPRS 用户都能够实现永远在线。

GPRS 通信具有可靠性高且经济可行等特点，与其他通信方式的对比如下：

（1）可靠性的比较。考虑到通信方式的特点，载波通信和无线电通信的特性因为信号传输路径的开放，宜受外部的噪声和人为因素的影响。相比之下，光通信由于闭环的通信方式而具有相对高的可靠性。在 GPRS 中通常采用无线通信方式，而 GPRS 网络的通信可靠性比无线专网通信高，因此 GPRS 的通信可靠性介于载波通信和光纤通信之间。

（2）传输能力的比较。载波通信方式的传输速率为 50～200bit/s；有线通信传输速率为 2000kbit/s～1.5Mbit/s，是载波通信速率的 10 倍；光纤的通信速率可达 4Gbit/s，它能够传送更大的数据信息量；GPRS 网络在各基站理论带宽可达 171.2kbit/s，实际应用带宽大约在 40～100kbit/s，可以满足负荷管理终端实时数据通信的要求。

（3）装置扩展性的比较。在系统中要加入新的装置时，光纤通信方式中需要建立新的通信线，在载波通信和无线专网通信中也相对地要调整，GPRS 在大众网络的应用中，扩充新装置是相当有利的，全部要做的只是添加相应的 GPRS 模块。

（4）经济可行性的比较。在负荷管理数据采集中，由于终端量大面广，必须考虑通信的经济可行性。在通信系统中总的费用包括基本费用、装置投资和维修费用。与其他通信方式相比，GPRS 通信方式的装置投资费用不大，并可以减少大量的维护费用，由通信公司负责大量的维护工作，但是额外的 GPRS 费用需要支付给通信公司。

从以上可以得出：载波通信通常适用于 10kV 电力系统，基本费用是相当大的，由于城市发展和电力谐波的干扰，可靠性大打折扣；如果投资足够，光纤通信是一种相当好的通信方式；采用 GPRS 通信将会节省投资费用和维护费用，这种通信方式具有高的可靠性，而且方便扩展、费用较低。从通信能力和价格来看，GPRS 是一种很好的通信方式，而且它也能够满足实时性的要求。

近年来，虽然基于 GPRS 的配电监测终端发展非常迅速，但是它还存在一些不足：①GPRS 会发生丢包现象；②实际速率比理论值低；③调制方式不是最优；④GPRS 分组通过不同的方向发送数据，最终达到相同的目的地，那么数据在通过无线链路传输的过程中就可能发生一个或几个分组丢失或出错的情况。

四、数字微波通信

数字微波通信技术曾经和卫星、光纤一起被称为现代通信传输的三大支柱，其优点主要包括：应用灵活、快速，组网方便，抗自然灾害能力强；容量大，集成度高、稳定性强；在一个通信网中，微波、光纤互为补充，可以提高网络的生存性；受江河、湖泊等自然条件的限制，光缆不能到达的情况下，微波可发挥其独特的优势；设备体积小、移动方便，建立通信迅速，在遭遇重大自然灾害时，可用于快速恢复通信，也可成为电力通信网应急元的重要技术手段。另一方面，数字微波通信技术尚存在有待进一步完善的方面，如相对于光纤通信来说，容量小；其传媒介层是大气，存在多径衰减等问题，传输质量不如光纤稳定；微波为直线传播，因此受到地形、地物的影响，无中继传输距离较短，约 40km；无线通信，受频率资源的制约；存在外部干扰等。

10.3 配电网通信系统结构

10.3.1 配电网通信系统层次结构

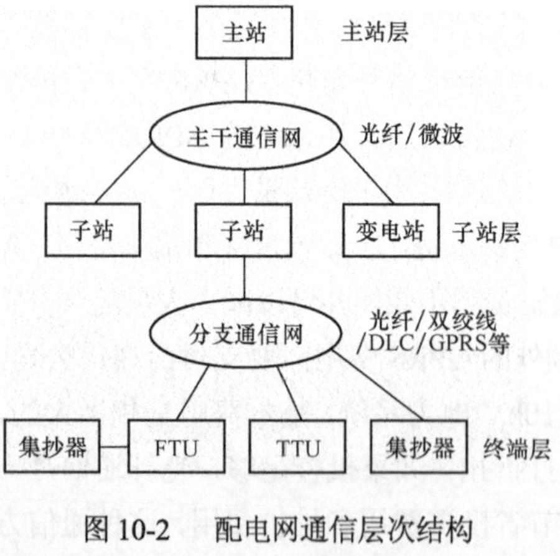

图 10-2 配电网通信层次结构

配电自动化系统是一个分层信息系统，信息采用逐级传输，从变电站、开闭所到配电管理，主要由配电自动化主站、配电自动化子站、通信网络、馈线线路及其配电自动化远方终端[线路 FTU、配电变压器综合监控仪 TTU、自动抄表终端 MTU（Maximum Transmission Unit）]等多个层次组成，如图 10-2 所示。

一、核心层：主站

配电自动化主站是整个系统的最高

层，负责本地区整个配电网的监视和控制。协调各个配电自动化子站的工作。它屏蔽了数据在网络中的协议、途径、过程等细节，完全是一个面向应用的无连接的交换网络。主站级通信主要是指主站内部各台服务器、工作站和其他输入/输出设备通过网络交换设备互联通信，主站内部大多采用了基于 TCP/IP 技术的局域网。

二、子站

配电自动化子站是整个配电自动化系统的重要层次，它将变电站 RTU 和馈线 FTU 采集的各种现场信息中转或上传给配电自动化主站的通信处理机，同时也将开关的遥控命令或一些参数送入配电终端 FTU、TTU 及 MTU，起着承上启下的作用，使系统具有较强的扩展能力。数据采集过程即站内监控主机和远方调度中心得到下层设备实时数据的过程。

三、配电终端

远方终端是配电自动化系统的基本单元，用于配电开关、配电变压器、无功补偿电容器等配电设备的监视与控制。配电终端主要是指开闭所终端单元 DTU、馈线终端单元 FTU，数量众多，到变电站子站距离较远。

四、用电终端

用电终端主要包括配电变压器终端单元 TTU、大用户负荷控制终端、三项多功能电能表、低压用户单相电能表，与配电终端相比，它们具有更高的分布密度和数十到数千倍的数量。

10.3.2　配电网各层通信方式选择

一、配电自动化通信系统设计原则

（1）配电自动化通信系统应和配电自动化系统应用功能紧密结合，将多种通信方式进行合理搭配，以取得最佳的性能价格比，满足配电自动化系统的整体性能指标要求。

（2）配电自动化通信系统的设计应具有先进性、实用性、可靠性、可扩展性。

（3）主干通信网的设计应和配电自动化计算机网络系统相结合；拓扑结构应路径最短、涵盖配电终端范围最大，具有较好的扩展性；应具有较高的通信速率和较低的误码率。

（4）非主干通信网的设计应和配电自动化站端系统相结合，在满足配电自动化整体性能指标和通信可靠性的基础上适当提高通信速率。

通信系统一般可以分为三个层次。第一层为配电自动化主站至二级子站之间，通信上为点对点或环形连接。现有系统一般采用光缆，网络交换机直接建立在光纤之上或经光端机的以太网口，采用基于 TCP/IP 的局域网连接方式。第二层为配电自动化二级子站与设备层 FTU 之间，通信物理路由采用星形或环形。第三层次为设备层 FTU 之间的连接及 FTU 与配电变压器采集装置 TTU 之间的通信连接。

二、主站与子站

配电控制中心（主站）至配电控制分中心（子站）之间的通信为配电自动化的总动脉，在容量、速率上有较高的要求，宜采用直通的高速以太网。在市区主要道路设计多个环网作为通信主干道连接至配电控制中心（主站）或配电控制分中心（子站）。主干道的通信为配电自动化的主动脉，宜采用光纤双环自愈网，同时串接沿线的各厂站终端设备。目前，一般电业局调度中心到 35kV 以上变电站都建有 SDH 或 WDM 光纤传输网，安装在变电站内的配电子站可以“借用”现有的 V.34 模拟口、V.35 模拟口、RS232 异步口、E1（G.703）、10BASE-T 等通道与主站通信。没有建设传输网的变电站可以利用点到点的光纤以太网与调度中心的配电主站系统进行通信。由于子站数据量大，且配电自动化系统的实时性要求较高，一般情况下不采用 PSTN 电话拨号、一点多址微波、点对点无线扩频 35kV（或 110kV）电力载波方式。

三、子站与终端

配电终端主要是指开闭所终端单元 DTU、馈线终端单元 FTU，数量众多，到变电站子站距离较远，一般采用光纤通信方式。配电终端级通信根据终端本身提供的通信接口（RS232/485 或 10BASE-T）常选用异步光纤或者光纤以太环网作为接入网。当然，在小城镇或边远地区，配电终端数量相对较少，光缆投资太大，则可采用其他通信方式。对于负荷波动和干扰较小、对通信速率和可靠性要求不高的场合可采用 10kV 电力线载波方式；对于配电终端数量较少（小于 100 台，包括未来扩展容量）、申请电力专频费用低、无高楼遮挡无线信号的地区可采用电力 220～240MHz 无线频段的数传电台方式；对于偏远地区不能架设光缆、双绞线的少数终端可采用点对点的无线扩频通信方式，并可加大天线的发射功率来提高通信距离，有公用电话的地点可以考虑 PSTN 方式。

四、终端到用户

用电终端一般按照所在区域使用音频双绞线和普通电缆进行分类，分别组网，目前较多采用 RS485 和 FSK 的总线“挂灯笼”式的半双工通信方式。低压电能表还可利用 220V 交流线路进行低压载波通信，构成一个集中抄表系统。值得注意的是，近年来随着 GPRS 数据通信业务在工业民用领域的推广应用，使得用电终端和主站直接通信成为现实，如远程抄表等。目前，GPRS 作为配电通信网设计的可选方案，越来越多地应用到配电自动化工程中。

10.4　配电网通信组网结构

10.4.1　配电网通信协议

配电网自动化中适用的通信规约与协议对不同通信方式的一般性规定如下：

一、不采用 TCP/IP 传输协议

在一些较小规模的配电网自动化系统中，采用了 RS232、RS485、中压电力线载波、“光猫”等串行通信链路，无法应用 TCP/IP 传输协议。为保护已有投资，在已建系统中可以继续沿用已有规范；在新建系统中，推荐采用 101 规约。

二、采用 TCP/IP 传输协议

在较大规模的配电网自动化系统中，广泛采用了以太网、光纤以太网等有线通信方式，以及 GPRS、CDMA、3G 等无线通信方式，并采用 TCP/IP 作为传输协议。在配电网自动化系统的建设中，应根据可靠性和安全性要求、基建条件、投资额度等情况灵活选择通信方式，并可以混合组网。

（一）有线通信方式

有线通信是指采用以太网、光纤以太网等，使用 TCP/IP 协议进行数据交换的传输方式。在有线通信的环境中，配电终端通常可以分配一个固定的 IP 地址，通道带宽在每秒兆位以上，传输时延在几十毫秒之内，传输差错率极低，运行与维护费用基本恒定、与传输的数据流量大小无关。

有线通信方式下推荐选用 104 规约。

（二）无线通信方式

无线通信是指采用 GPRS、CDMA、3G 等无线公共网络以及其他无线公网或专网技术，使用 TCP/IP 协议进行数据交换的传输方式。

在无线通信的环境中，配电终端可能获得一个固定的 IP 地址，也可能只能获得一个动态 IP 地址；通道带宽通常在每秒几千位至几兆位之间，传输时延在几十毫秒至几秒之间，传输差错率较高，运行与维护费用通常与传输的数据流量大小关系密切。

以目前在配电网通信中广泛使用的 GPRS 无线专网为例，根据网络运营商的服务不同，配电终端的 IP 地址可能是静态的，也可能是动态的；实际传输速率约为 40kbit/s，传输时延约为 300ms（64KB 的报文长度），计费方式为按每月传输的总流量计费。

无线通信方式下，应根据实际情况选择 101 规约或 104 规约。在配电终端只能获得动态 IP 地址时，104 规约无法正常工作，此时推荐采用 VPN 技术（例如 IPSec VPN 或 SSL VPN）构造一个虚拟局域网以支持 104 规约的正常运行；不具备 VPN 的建设条件时，也可采用 101 规约。在一些配电网应用（例如故障指示）中，正常状态下配电终端工作在休眠模式，仅在事件产生时自动唤醒并上报事件，此时可以采用 101 规约。其他情况下推荐采用 104 规约。

10.4.2 典型配电网通信组网结构

图 10-3 所示为典型配电网通信组网的结构，是一个多种配电网通信方式综合应用实现配电网通信系统的典型案例。图中多种配电网通信方式混合的通信系统由配电网通信综合接入平台、骨干层通信网络、接入层通信网络以及配电网通信综合网管系统等组成。

一、配电网通信综合接入平台

在配电主站端配置配电网通信综合接入平台可以实现多种通信方式统一接入、统一接口规范和统一管理。统一接入有效地融合了多种通信方式，为配电自动化系统提供综合的接入解决方案，配电主站设备通过统一接口规范连接到配电网通信综合接入平台。另外，配电网通信综合接入平台也可以供其他配电网业务系统使用，避免每个配电网业务系统单独建设通信网，有利于配电通信网的管理与维护。

二、骨干层通信网络

骨干层通信网络实现配电主站和配电子站之间的通信，一般采用光纤传输网方式。配电子站汇集的信息通过路由器接入 SDH/MSTP 通信网络或直接承载在光纤网上。在满足有关信息安全标准的前提下，也可以采用 IP 虚拟专网方式实现骨干层通信网络。

三、接入层通信网络

接入层通信网络实现配电主站、子站和配电终端之间的通信，应按照因地制宜、采用多种通信方式相结合的原则组建，可采用光纤专网、配电线载波、无线等多种通信方式。

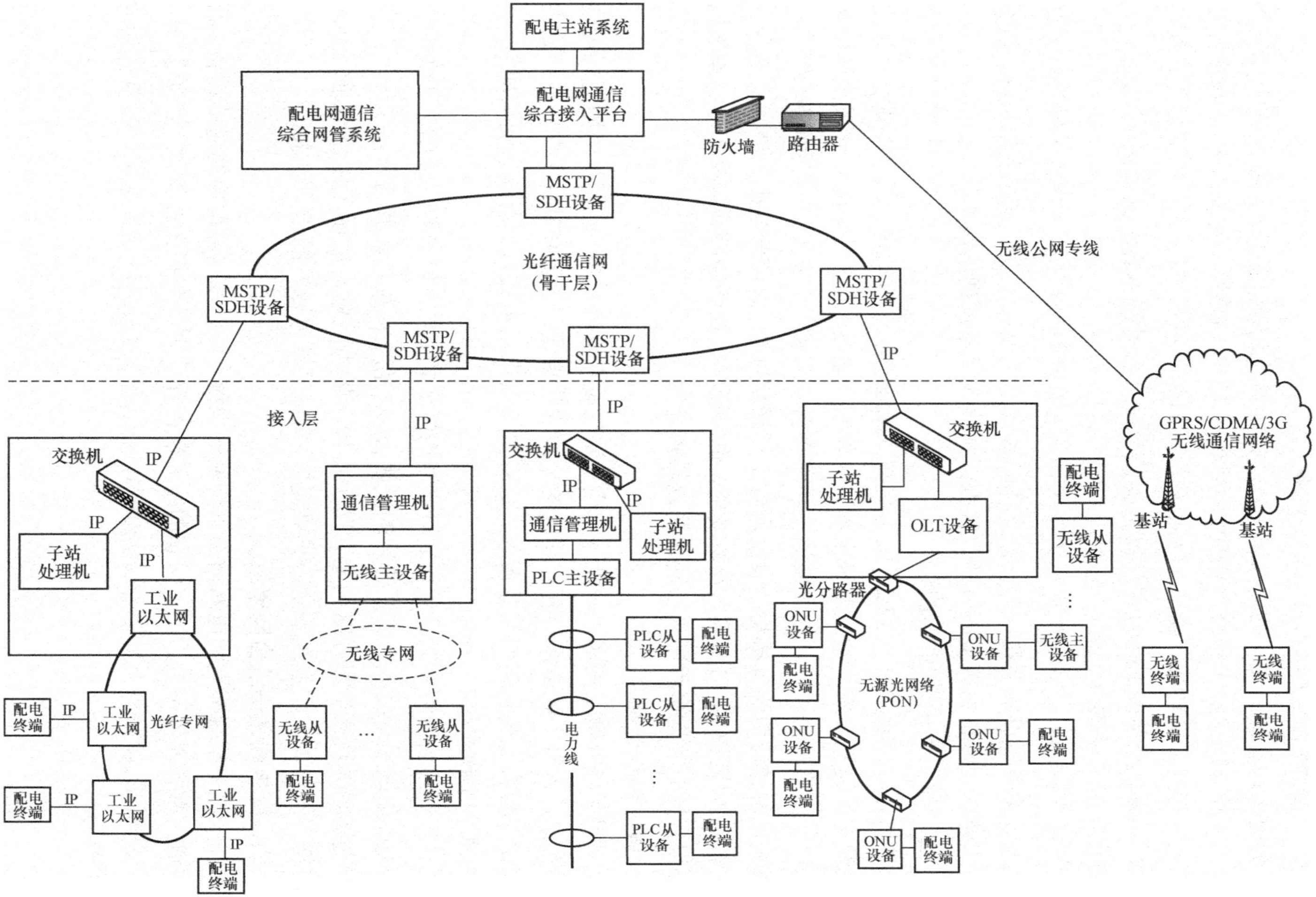

图 10-3 典型配电网通信组网结构

（一）光纤专网（以太网无源光网络）

配电子站和配电终端的通信采用以太网无源光网络（EPON）技术组网，EPON网络由局端（OLT）、FTTH 光缆网络 ODN 和用户（ONU）组成，ONU 设备配置在配电终端处，和配电终端通过以太网接口或串口连接，OLT 设备一般配置在变电站内，负责将所带的 EPON 网络的数据信息综合，并接入骨干层通信网络。

（二）光纤专网（工业以太网）

配电子站和配电终端的通信采用工业以太网网络通信时，工业以太网从站设备和配电终端通过以太网接口连接。工业以太网主站设备一般配置在变电站内，负责收集工业以太网自愈环上所有站点数据，并接入骨干层通信网络。

（三）配电线载波通信组网

按照 DL/T 790.321—2002《采用配电线载波的配电自动化　第 321 部分：配电线载波信号传输要求　中压绝缘电容型相相结合设备》的规定，配电线载波通信组网采用一主多从方式，一台主载波机可带多台从载波机，组成一个逻辑载波网络，主载波机通过通信管理机将信息接入骨干层通信网络。通信管理机允许接入多台主载波机，必须具有串口服务器基本功能，也需要实现在线监控载波机工作状态的网管协议，同时支持多种配电自动化协议转换能力。

（四）无线专网

采用无线专网方式时，一般将无线基站建设在变电站中，负责接入附近的配电终端信息，为每个配电终端配置相应的无线通信模块，负责和基站通信。变电站中通信管理机将无线基站的信息接入，进行协议转换，再接入到骨干层通信网络。

（五）无线公网

采用无线公网方式时，每个配电终端均应配置 GPRS/CDMA/3G 的无线通信模块，配电终端即可接入运营商建造的无线公网。在主站端，运营商通过专线将汇总的配电终端的数据信息经路由器和防火墙接入配电主站。应用无线公网通信方式时应符合《电力二次系统安全防护规定》（电监会 5 号令）的相关要求。

四、配电网通信综合网管系统

在配电主站端配置配电网通信综合网管系统，可以实现对配电网通信设备、通信通道、重要通信站点的工作状态的统一监控和管理，包括拓扑管理、故障管理、性能管理、配置管理、安全管理等功能。一般采用分层架构体系建设配网通信综合网管系统。

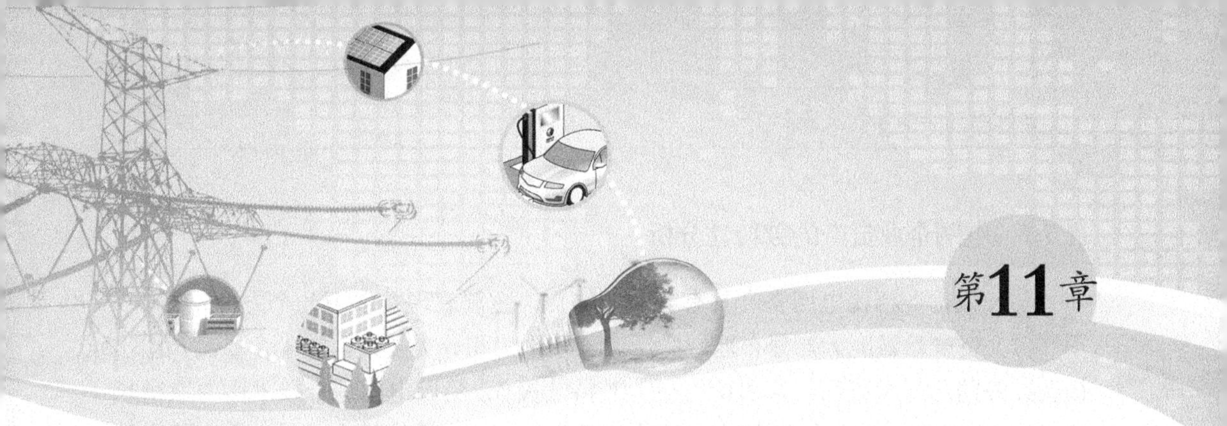

第11章

资产全寿命周期管理

11.1 电网资产全寿命周期管理概述

11.1.1 资产全寿命周期管理的涵义和应用背景

资产全寿命周期管理（Life Cycle Asset Management，LCAM）起源于全周期成本管理（Life Cycle Cost，LCC），是LCC管理理念的发展和丰富。资产全寿命周期管理本质上是系统工程理论在资产管理上的应用。它以资产为管理对象，以实现企业总体目标为宗旨，以建立一体化的信息平台为主要手段，统筹考虑、系统优化资产寿命周期内各个环节，即规划、设计、采购、建设、运行、检修、技改、报废的全过程，在满足安全、效能的前提下追求资产全寿命周期内可靠性和经济性的最优结合，从而实现企业价值最大化。

电力行业属于关系国计民生和经济命脉的公共基础事业，为了向公众提供安全优质的服务、为企业自身创造效益，电网企业必须拥有坚强可靠的电力网架设施作为基础资源，行业特性使得电网企业成为典型的资产密集型、技术密集型企业。因此，资产是电网企业赖以生存和发展的根本，资产管理在电网企业经营管理中占据着异常重要的地位，一直以来受到国家和电网企业管理者的高度关注。随着社会经济的发展和电力体制改革的不断深入，电网企业结合自身实际情况，同时借鉴国际先进电网企业资产管理的实践经验，适时引入了资产全寿命周期管理理念和方法，并且逐步深入和推广应用。电网企业资产全寿命周期管理是基于成本效益原则对资产设备安全管理、技术管理、全周期成本管理进行的系统优化整合，是立足于电网企业的技术特性和市场规律，总结电网资产管理实践，适应新的发展要求提出的新理念和新方法。

11.1.2 电网企业资产的独特性分析

与一般行业相比电网资产具有鲜明的特点，主要表现在以下几个方面：

（1）资产数量庞大，分布地域广泛。资产结构和分类复杂，技术含量高。由于社会经济的迅速发展和国家对电力事业的持续投入，我国电网综合技术实力取得长足进步，科技创新水平不断提高，在特高压输电、电力系统综合分析、安全稳定控制、继电保护等多项技术领域均处于国际先进水平。

（2）资产寿命周期长，价值高。一项电网资产完整的寿命周期历经规划，设计，建设/购置、运行、维护，直至最终退役报废，时间跨度大多在十几年甚至数十年以上。同时电网设备对技术、工艺、材质的严格要求使得其造价不菲，因此电网固定资产账面价值不论是单项还是总额都比较高，且在资产总额中所占比重通常在85%以上。

（3）资产变动频繁，运维成本高。受经济发展加快、国家投入加大、技术进步、自然灾害等多种因素影响，电力设施迁改、扩建、技改、大/中/小修、内部调拨频繁，从而导致电网资产账目、实物变动频繁，相应的扩建、改建、维修等支出在电网企业资金流出中占有相当大的比例。

11.1.3 传统电网企业资产管理存在的问题

由于电网资产的独特性，尤其是与寿命周期的显著相关性使得其管理难度和复杂性大大增加，也为电网企业的资产管理带来一系列问题和挑战。近年来由于管理者的日益重视和努力，采取了一系列措施加强基础工作，包括加大力度清理产权、规范固定资产管理制度、建立和推广应用资产管理信息系统等，基本解决了管理混乱、账实不符等问题，电网企业资产管理的整体水平有所提高。但是，随着政府对国有资产经营管控力度的加大、电力体制改革的深化以及市场化步伐的加快，资产管理仍然面临诸多尚待解决的问题，主要表现在以下方面。

由于资产寿命周期长、管理链条长，传统管理模式下缺乏立足于价值管理高度的统一协调机制，造成不同职能部门职责脱节、缺失、模糊、冲突，也存在各部门只关注本环节职能而忽视上、下环节沟通的现象，影响到资产全寿命周期管理理念的贯彻和实施的效果。

工程管理部门只考虑按时完工，结算和交付竣工资料却拖拖拉拉，财务部门无法及时转固提取折旧；运行部门为提高安全系数安排停电检修而不考虑停电时间造成的经济损失；生产技术部门安排技改和大修时对退役和报废的资产损失却很少兼顾，诸如此类问题。

资产管理偏重于设备技术、安全方面，管理层对资产的价值属性关注度较低，成本效益意识相对薄弱。由于电网企业典型的技术密集型特性，以及安全生产在电网企业管理中不可动摇的首要地位，加上自身带有自然垄断性使得管理者竞争意识和危机感相对淡化，多种因素导致电网企业对资产管理的主要精力投入在如何提高设备的技术性能、提高电网的安全系数、提高供电的可靠性等生产运行方面的问题上，对电网资产的成本和效益缺乏系统深入的思考和研究。

资产管理的技术信息与价值信息相互割裂，未能实现有效集成，无法满足资产全寿命周期管理的要求。受历史因素影响，目前电网企业的规划、工程、设备、物流、财务等信息管理系统大多在不同时期由不同的软件商分别开发应用，相互之间独立运行，造成部分资产管理信息重复却无法共享，部门间信息不对称，数据编码不统一，信息不规范、缺失等现象。信息系统建设滞后，缺乏科学统一规划，制约资产全寿命周期管理。

11.1.4 建设坚强智能电网对资产管理带来的新要求

随着我国电网从传统电网向高效、经济、清洁、互动的现代电网的升级和跨越，预示着我国电网发展的动向和良好的前景。从未来国内电网发展方向来看，要求电网的安全性、可靠性水平在目前基础上有更大程度的提高，要求电网能够在发生大规模事故的情况下具有一定的自愈性，这也从某种意义上对从设备到电网的管理水平提出了更高的要求，原有的粗放式设备管理现状已经不能适应未来智能电网的发展。随着坚强智能电网的全面建设，需要大量清洁能源的建设，需要电网网架的不断发展壮大，因此电网投资的需求量也会日益增大，这也使电网经济性的要求不断提高。因此要改变原有基于阶段成本最优的思想，从项目和设备的全寿命周期来考虑成本和效益，建立明晰统一的资产管理策略，提高电网投资的质量，降低资产运维成本，提升总体价值，从而达到资产效率高、信息交换畅通、成本最优、效益最大化。

11.2 资产全寿命周期管理的管理措施及保障机制

资产全寿命周期管理就是通过一系列的技术经济管理措施，对设备的规划、设计、制造、购置、安装、调试、运行、维护、改造、更新直至报废的全过程进行全面管理，在保证电网安全效能的同时，对全过程发生的费用进行控制，是寿命周期费用最小的一种管理理念。同时，合理的保障机制是实现资产全寿命周期管理的基础。

11.2.1 资产全寿命周期管理措施

一、打好管理基础

（1）加强电网资产信息的管理工作。资产全寿命周期管理的重要基础是信息的反馈和传递，现代企业资产管理（EAM）中包括静态数据（设备和备件的分类编码信息、属性信息、技术规格说明、位置信息、供应商信息、设备参数、维修人力资源信息等）、动态数据（设备运行数据、维修数据、移动数据、备件库存数据、采购合同数据、维修工单数据等）、中间数据（各类查询结果、统计报表、分析结果等）三类数据。资产全寿命周期管理更注重信息化的管理手段，各个管理环节之间的信息衔接是信息化科学决策的重要方法。对资产信息的规范化记录、信息数据库的完善是资产全寿命周期管理各种工作和流程开展的重要保证。

（2）进行账卡物的一一对应。资产全寿命周期管理强调基于实物量和基于价值量管理的统一，是 EAM 和 LCC 管理的融合。资产卡片是 RAM 管理系统的基础，价值量和实物量信息是 LCC 管理的基础，因此，使资产卡片与设备信息、财务信息一一对应是实现资产全寿命周期管理信息联动的重要基础。

（3）建立统一的管理流程。流程化管理是现代企业管理的发展方向，在信息平台上进行数据的传递、分析和反馈，是提高管理效率、合理分配资源、科学决策的重要手段，梳理资产管理流程之间的关系，建立统一完善的流程管理系统，是电网公司缩短管理层级、实现资产集约化管理的重要体现。

二、把握好关键管理环节

资产全寿命周期管理体现了全寿命周期成本最优的理念。在资产的整个寿命周期内，资产的规划设计、招标采购等前期阶段所作出的管理决策和方法对资产设备后期的运行维护检修费用的大小起着决定性作用。众多行业对全寿命管理应用的研究也表明了前期阶段的决策对整个全寿命成本的影响很大。

（1）完善资产规划阶段的决策方法。智能电网集中体现了电源侧大量分布式清洁能源的接入，输电环节中特高压电网的建设，用户端具有交互性、实时电量信息浏览等通信技术的应用。随着坚强智能电网的建设，上述资产规模将大幅度地增加，因此，必须从电网的整体效益出发，综合考虑电网规划中关系到成本的变电站选址、线路走廊、负荷预测、可靠性、环境保护等方方面面的影响，在衡量各种因素的时候采用 LCC 评价的方法进行客观决策。

（2）建立基于供应商评价的招标采购管理方法。采购招标的结果直接关系到设备质量和可靠性，应该在对在运设备运行历史信息分析的基础上，对供应商设备的性能、寿命、价格、可靠性等因素进行综合评价，针对不同的设备类型及其备品备件可以采用规模订购、及时采购等采购模式。规模订购和即时采购可以降低采购价格、减少备品备件的库存成本以及提高采购设备的质量。

（3）项目的全过程控制管理。新建项目应以“全系统、全寿命、全费用”的管理理念，对项目过程中的费用目标、时间目标、质量目标、安全目标进行全过程控制管理。采用 LCC 计算方法对项目进行经济技术评价，项目在建过程中要在成本控制、进度控制、质量控制上下大力气，并做好工程验收工作，同时开展项目的后评价。

（4）全面实施资产状态评估。EAM 系统以提高资产可利用率、降低系统设备运行维护成本为目标，通过信息化手段，合理安排检修计划。状态评估是开展状态检修的基础性工作，状态评估的信息依据主要来自设备运行维护的历史数据，是在采用一定的模型和方法对历史数据进行分析的基础上得到的，因此状态评估对供应商评价、设备状态检修等环节具有重要的指导意义，也是进行全过程 LCC 计算和分析的重要参考。

11.2.2　资产全寿命周期管理保障机制

资产全寿命周期管理的顺利开展，需要对设备的规划、设计、制造、购置、安装、调试、运行、维护、改造、更新直至报废的全过程建立统一的信息管理平台，同时需要有合理的评价体系来分析资产全寿命周期管理中存在的问题，建立健全的资产全寿命周期管理保障机制需要开展下列工作：

一、建立统一的资产全寿命周期管理信息化平台

随着电网公司 ERP 工程的全面实施，电网公司的信息化水平也将得到极大的提升，资产的实物管理和价值管理将在公司 ERP 系统上实现无缝衔接。在基础信息化平台上，加强全寿命周期管理系统相关模块的开发，如状态评估辅助决策系统、项目一体化管理系统、LCC 分析计算模块等，这些系统和不同模块的开发应用，在一定程度上将资产全寿命周期管理的相关流程进行固化，从而有利于作出科学、客观、全面的管理决策。

二、建立资产全寿命周期管理相关的规章制度

全寿命周期管理体现了跨部门、跨业务的管理理念，要实现业务在不同部门之间的顺利开展，就要首先建立规章制度来协调管理，从而达到在同一个管理目标下的部门间协作高效。另外，在规划设计、招标采购、项目建设、运行维护、技改大修、设备退役处置等环节中建立相应的 LCC 评价和管理制度。相关规章制度的建立，可以确保资产管理流程的顺利运转、目标的顺利实现。

三、建立资产全寿命周期管理的考核指标体系

考核指标体系是反映全寿命周期管理工作成效的重要手段。从结果性指标和过程性指标两大方面入手，根据全过程的管理目标，细化各种考核评价指标，包括各阶段任务完成情况、各环节之间流程的运转效率等，对全寿命周期管理工作的科学评价和改进，将促进资产管理水平的不断完善和提升。

11.3 电网企业资产全寿命周期管理主要模块

11.3.1 构建供电企业资产全寿命周期管理系统的意义

供电企业属于资产密集型企业，有以下三个特点：

（1）从资产的结构看，有形资产在企业资产中的比重较大，往往高达 80%以上，其中，固定资产的正常运行对于企业更是至关重要。

（2）从资产的分布看，使用部门多、使用范围广、结构分类复杂、覆盖面大。

（3）从资产的量价看，数量多、金额大、更新快。

资产优良是供电安全稳定运行的重要保证，资产管理是供电企业的重要工作。资产管理的好坏，对于企业经营业绩有重要影响，管好资产，也就管好了企业发展的根基；同时，确保企业资产的安全完整，防止国有资产流失，也是国有企业经营者不可推卸的责任。构建供电企业资产全寿命周期管理系统，能及时准确反映资产的变化，管好、用好资产，能帮助企业高层掌控全局资产，最大程度地降低管理成本，实现企业价值最大化。主要在以下三方面得到益处：

（1）控制成本费用开支。资产管理系统根据横向和纵向的统计数据，辅助有关部门制订维护和维修计划，并提供费用参考；备品备件的数量建立在资产管理系统统计与分析的基础上，将降低备件库存及备件成本。

（2）提高设备的利用率和可靠性指标，促进安全生产。资产管理系统能提供设备的实时信息和历史记录，有助于有关部门对设备的评估，对于突发事件也会有应急措施参考。

（3）提高效率，防治腐败。资产管理系统对同类设备的跟踪比较分析对未来新的采购决策提供重要参考数据；能更有效地配置生产设备、人员及其他资源；管理信息化、精确化和透明化，促进了反腐倡廉工作。

11.3.2　企业资产管理系统及其改进

现代企业管理除了重视供应链（SCM）、企业资源规划（ERP）及客户关系（CRM）的管理之外，越来越强调利用资产来产出优质商品和提供优质服务的能力。简单而言就是通过资产管理来确保资产物尽其用，在其所有者希望的时间和地点提供他们需要的东西，企业资产管理成为企业兼具战术基础与战略高度的管理工具。

企业资产管理（EAM）系统是从计算机辅助维护管理系统（CMMS）发展而来的。CMMS 的着眼点在维修的层次上，而 EAM 系统的着眼点则扩大到资产的层次上，主要适用于资产密集型企业对高价值固定资产的维护、保养、跟踪等信息管理。传统的 EAM 主要以提高资产可利用率、降低企业运行维护成本为目标，以优化企业维修资源为核心，通过信息化手段，合理安排维修计划及相关资源与活动。供电企业在长期的资产管理实践中，已经制定、完善了一系列的规章管理制度，形成了较为严密的管理体系，取得了一定的成绩，但是还存在较多的问题。

（1）目前供电公司的资产管理中，财务部门是资产价值管理的职能部门，生产技术等相关职能部门是资产实物管理的职能部门，资产的具体使用单位是资产使用保管部门，但是三者之间的信息沟通不及时。

（2）在资产的管理方式上，沿用传统的管理方式，信息化水平不高，对资产的综合状况只能采用阶段性资产实物盘查、清产核资来完成。因此，只能掌握至某时点的情况数据，难以及时、全面、准确地掌握资产的情况，以辅助领导层进行决策。

在目前的管理情况下，以下问题仍难以解决：资产全寿命周期成本是多少？资产已发挥最佳效益了吗？如何准确预算资产大修金额？如何评估资产设备应实施技改或更换？如何降低备件库存？因此，供电企业资产管理系统必须在传统的企业资产管理系统上加以改进，提升信息化水平，引入全寿命周期管理的概念。在资产全寿命周期管理下，资产管理系统变传统的事后管理为“事前预测、事中管理、事后分析”的系统管理，管理水平和效能得到显著的提高。

11.3.3　供电企业资产全寿命周期管理系统主要模块

以供电企业的重要生产设备为例，资产全寿命周期管理流程核心模块一般包括以下几个：

一、资产引入分析

资产的替换成本在营运成本中占有很大的比例，透过正确的视野重新规划资产管理，所带来的潜在节约及产品服务绩效的提升、安全生产状况和环境的改善，与企业的营业收益同样重要。资产使用部门提出申请，财务部、资产管理部门应当给出专业的分析意见，资产是购买还是调拨、维修还是更新，均需要提供有关的比较数据。

二、资产的前期基础信息

采购签约部门与供应商签订采购合同，并将相关的资料文档录入前期基础信息库，合同执行部门跟踪工程进度、产品生产进度，落实交货安排，监造重要资产，在完成调试验收正式取得资产的所有权之后，将相关的数据转入资产数据库中。在建工程转为固定资产的，也可通过工程系统或者项目管理系统实现数据的自动转换，转入资产数据库中。前期基础信息的积累，有助于加强对供应商的管理，有助于在今后的资产引入分析决策。

三、资产的建档及信息维护

财务部、资产管理部门应当对资产进行及时的编码、信息录入和修改。当资产的使用状态发生变更，例如停用、启用、出租等，要及时更新数据库。各资产保管部门的资产管理员在负责粘贴资产条形码标签后应定期检查标签的完好性，并在资产盘点的时候利用条形码进行资产盘点管理。资产管理员根据资产账（卡片）、库存物品账和资料文档建立维护计划，然后交由主管部门审核，或按照上级主管部门的指示，建立有关维护计划。资产管理员及时将实物盘点状况、维护计划等传递至财务、生技、安监等有关部门，提供准确的统计数据供上级分析决策使用。

四、计划性的维护及维修

资产管理部门根据维护规则，确定定期的维护计划（尤其是安全等级高的重要设备），做到防患于未然。该计划交给资产使用部门作为其下达维护工作单的依据。实际执行过程完成后，资产管理责任人将收集到的维护记录及时输入并完成，将结果提交备案，以便查询、统计和分析。

五、非计划性的维护及维修

资产在出现故障的时候要及时进行维护，比较严重的要进行维修或者更换。资产使用部门将产生故障的设备向有关部门报告故障申请维修，资产管理员必须提供相关意见。申请得到批准，完成维修后资产管理员应将收集到的维修记录及时输入并完成，将结果提交备案，以便查询、统计和分析。当供电企业出现紧急故障时，维修人员应该在第一时间到达现场执行抢修。最后，资产管理员将收集到的维修记录及时输入并完成，将结果提交备案，以便查询、统计和分析。

六、备品分析和统计

该流程内容包括备件管理、维修成本核算等。

（1）备件管理。编制备件计划，处理备件日常库存事务（接受、发料、移动、盘点等），根据备件最小库存量或备件订货点自动生成采购计划，跟踪备件与设备的关系。

（2）维修成本核算。凭借工作单上人员时间、所耗物料、工具和服务等信息，汇总维修、维护任务成本，进行实际成本与预算的分析比较。通过备品分析和统计系统的运用，实现备品的合理储备、分级管理、信息共享、统一调配。

七、缺陷分析和统计

建立设备故障代码体系，记录每次故障发生的情况以进行故障分析。缺陷信息来源于工厂制造缺陷信息、设备到货验收缺陷信息、安装调试缺陷信息、运行维护缺陷信息等，所有的这些信息应当及时录入资产管理数据库，在综合评价该设备时提供资料。缺陷较多较大的设备，应考虑启动有关调查或追究责任程序。

八、资产退出控制

资产在公司内部寿命周期结束的原因有很多，譬如资产的出售、报废、损毁、盘亏等。这也意味着该项资产全寿命周期管理的终结。各级资产管理部门、监察审计部门应当介入这一过程，进行相关的技术鉴定，提供专家意见，并确保该过程按规章程序办理，避免滋生腐败。

11.3.4　构建供电企业资产全寿命周期管理系统的重点工作

构建供电企业资产全寿命周期管理系统的重点工作，应当以财务管理为主线，依托信息化手段，在传统的 EAM 基础上进行改进，基于企业生产和管理全局、全过程的考虑，通过对规划、可研、设计、购建、运维直至退出这一资产全寿命周期的统筹管理，使有形资产（如生产设备、厂房设施、仪器仪表和交通工具等）物尽其用，安全运行，使资产全寿命周期的整体成本最低，实现企业价值最大化。构建供电企业资产全寿命周期管理系统的重点工作如下：

（1）加强领导，强化管理供电企业资产全寿命周期管理系统建设是一项“一把手”工程。领导重视是做好工作的关键，各级领导应充分认识资产管理的重要意义，从思想上重视资产管理，转变观念，实施相应的流程再造，把资产管理质量作为业绩考核和绩效评价的重要内容，形成各部门既有明确分工又能有效协作的规章制度管理体系和目标统一的管理标准。对资产进行全寿命周期管理，需要有专业的人才队伍和管理机构。资产管理在供电企业内部是一项自下而上的信息反馈、集中的过程，这个过程的顺利与否，很大程度上要取决于自上而下的政策贯彻力度，因此，在供电企业总部层面上应当成立资产管理领导，成员可来自领导层以及财务部、计划部、生产技术部等部门，负责建立规章制度，加强管理协调，以及制定和布置整体工作方案。资产管理具体工作可以企业各级资产使用部门以及有关职能部门为基础，设资产管理员、组成资产管理工作组开展有关工作。

（2）搭建信息化平台。目前比较流行、成熟的企业资产管理信息系统，其功能划分基本都包括资产（固定资产）管理、工单管理、库存管理、项目管理、文档管理、决策支持管理等功能。选择资产管理信息系统，可引进其先进的管理理念，但同时也不能一下子全部丢弃传统的生产管理模式。因此，在进行企业资产管理信息系统建设时，最好依据资产管理信息系统产品成熟的平台特性，利用其具有的成熟的二次开发方法及工具，再在此基础上进行定制或二次开发，强化对资产进行全寿命周期管理的内容，从而满足目前供电企业的业务管理模式，并适应供电企业不断发展变化的生产业务需求。

（3）做好资产的编码及信息建档。供电企业资产种类极其庞杂，要借助先进的计算机和条码技术进行管理。

1）着手建立统一的编码规则。资产通过编码进行分类管理，必须保证所有编码的准确规范。

2）按照编码规则对每一件资产编制条形码并录入有关信息，是资产管理的基础。引入固定资产条形码管理是保证账实相符、加强实物管理、提高盘点工作效率和准确性的重要方法。条形码应具有唯一性，它不但可以记录资产的名称、类别、登记日期等固定信息，还具有错误修正技术及防伪功能。通过数据采集终端对资产条码的扫描进行数据收集，可以对扫描得到的数据进行整理归纳，对资产实行动态的管理。

（4）提高人员素质。实施供电企业资产全寿命周期管理，对旧的管理分工形成了一定的冲击，也是一次管理理念和实践的更新，需要提高管理人员的综合素质。因此，必须通过培训、招聘、引入等方式，不断提高有关人员的分析、判断和操作能力，造就一支懂相关理念、专业素质强的人才队伍，为做好供电企业资产全寿命周期管理打下坚实的基础。

参 考 文 献

[1] 余贻鑫. 面向21世纪的智能配电网[J]. 南方电网技术研究，2006，2（6）：14-16.

[2] 张文亮，刘壮志，等. 智能电网研究进展及发展趋势[J]. 电网技术，2009，33（13）：1-11.

[3] 中国南方电网公司技术情报中心. 新一代电网——智能电网综述[J]. 生产技术情报，2009，16（4）：4-7.

[4] 陈树勇，宋书芳，李兰欣，沈杰. 智能电网技术综述[J]. 电网技术，2009，33（8）：1-5.

[5] 王哲. 智能电网涉及的关键技术[J]. 电力系统通信，2009，35（4）：29-34.

[6] 王金良. 风能、光伏发电与储能[J]. 电源技术综述.

[7] 刘细平，林鹤云. 风力发电机及风力发电控制技术综述[J]. 2007（3）.

[8] 魏微，许胜辉. 风力发电及相关技术综述[J]. 2009，42（4）.

[9] 戴靖. 光伏发电并网控制技术[D]. 南京：南京航空航天大学，2007：16-18.

[10] 汪进进.光伏并网控制方法与系统研究[D]. 合肥：合肥工业大学，2002：12-13.

[11] 刘辉. 光伏电池最大功率跟踪技术研究 [J]. 武汉科技学院学报，2005，18（8）：12-15.

[12] 程时杰，文劲宇，孙海顺. 储能技术及其在现代电力系统中的应用[J]. 电气应用，2005，24（4）：1-8.

[13] 钟勇. 风光互补发电系统中蓄电池充放电控制器的研究. 合肥：合肥工业大学，2006.

[14] Alessandro Franco，Claudio Casarosa. On some perspectives for increasing the efficiency of combined cycle power plants. Applied Thermal Engineering，2002，22：1501-1518.

[15] 杨德昌，李勇，等. 智能输电系统在中国的发展[J]. 电网技术，2010，34（5）.

[16] 周凯兵，张华，等. 智能输电线路系统的构建初探[J]. 湖南电力：2010，30（2）.

[17] 赵文彬，李慧星，费正明，陆志浩，钱之银. 基于智能电网需求的输电线路状态监测系统建设[J]. 华东电力：2010，38（8）.

[18] 徐大可，张元林，王文胜. 变电站电气设备在线监测综述[J]. 电气自动化设备，2001，21（9）.

[19] 徐安定. 大型变压器状态监测与故障诊断技术[D]. 杭州：浙江大学，2005：14-19.

[20] J.L.Guardado，J.L.Naredo，P.Moreno，et. A comparative study of neural network efficiency in power transformers diagnosis using dissolved gas analysis[J]. IEEE transactions on power delivery，2001，16（4）：643-647.

[21] 陈维荣，宋永华，孙锦鑫. 基于神经网络的电力变压器状态监测[J]. 变压器，2002（1）.

[22] 李大进. 高压断路器在线监测研究[D]. 成都：西南交通大学，2004：13-30.

[23] 于莉莉. 高压断路器的在线监测与诊断系统[D]. 济南：山东大学，2005：24-30.
[24] 陈建志. 高压断路器在线监测技术的研究[J]. 电测与仪表，2007，44（5）.
[25] 李凌. 馈线自动化相关技术及实践研究[D]. 武汉：武汉大学，2004：5-10.
[26] 刘子亚. 基于无通道保护技术的配电自动化应用研究[D]. 重庆：重庆大学，2006：4-5.
[27] 张朝平. 馈线自动化模式的研究与实现[D]. 长沙：湖南大学，2005：5-21.
[28] 国海，苏建徽，张国荣. 微网技术研究现状[J]. 四川电力技术，2009，32（2）.
[29] 黄伟，等. 含分布式发电系统的微网技术研究综述[J]. 电网技术，2009，33（9）.
[30] 雷之力，鲁希娟. 微网电能质量特点及有源滤波补偿方式研究综述[J]. 湖南电力，2009，29（5）.
[31] 肖朝霞. 微网控制及运行特性分析[D]. 天津：天津大学，2008：17-29.
[32] 纪明伟. 分布式发电中微电网技术控制策略研究[D]. 合肥：合肥工业大学，2009：24-31.
[33] 王希舟. 分布式发电与配电网保护协调性研究[D]. 杭州：浙江大学，2006：28-33.
[34] 王伟. 含微网配电系统的继电保护问题研究[D]. 济南：山东大学，2009：22-26.
[35] 马韬韬，郭创新，曹一家，韩祯祥，等. 电网智能调度自动化系统研究现状及发展趋势[J]. 电力系统自动化，2010，34（9）.
[36] 陈佳，孙宏斌，汤磊，等. 电力系统控制中心三维可视化技术及其实时应用. 电力系统自动化，2008，32（6）.
[37] 刘俊勇，魏震波. 基于可视化技术的电网智能调度系统设计应用[J]. 供用电，2010，27（4）.
[38] 赵俊华，文福拴，薛禹胜，林振智. 云计算：构建未来电力系统的核心计算平台[J]. 电力系统自动化，2010，34（15）：1-8.
[39] 张伯明. 三维协调的新一代电网能量管理系统[J]. 电力系统自动化，2007，31（13）.
[40] 周劼英. 电力市场环境下实时优化调度的研究[D]. 北京：清华大学，2005.
[41] 程夕明，孙逢春. 电动汽车能量储存技术概况[J]. 电源技术，2001，25（1）.
[42] 王玲. 混合动力大巴用高比功率镍氢电池的管理系统设计[D]. 北京：北方工业大学，2004.
[43] 李成学，杨大柱. 电动汽车蓄电池组电池管理及其状态监测[J]. 电源技术，2010，34（1）. 80-83.
[44] 严辉. 电动汽车充电站监控系统研究[D]. 北京：华北电力大学，2009：10-13.
[45] Mukesh Singh，Indrani Kar，Praveen Kumar. Influence of EV on Grid Power Quality and Optimizing the Charging Schedule to Mitigate Voltage Imbalance and Reduce Power Loss[J]. 14th International Power Electronics and Motion Control Conference，EPE-PEMC 2010.
[46] 刘振亚. 智能电网知识读本[M]. 北京：中国电力出版社，2010.
[47] 李保树，陈万昆. 智能电表在智能电网中的作用及应用前景[J]. 电气时代，2010（9）.

[48] 郭斌钊. 配电自动化及其通信模式研究[D]. 郑州：郑州大学，2007：9-14.

[49] 张怡. 浅析寿命周期成本（LCC）管理的应用[J]. 中国资产管理网，2006（11）.

[50] 王玲. 论电网企业的资产全寿命周期管理[J]. 中国总会计师，2008（11）.

[51] 徐翀. 坚强智能电网下的资产管理探讨[J]. 中国电力教育，2009（144）：244-245.

[52] 何滢. 供电企业资产全生命周期管理系统探讨[J]. 广东科技，2009（14）.